图书在版编目(CIP)数据

无陀螺惯性导航技术/周红进,许江宁,覃方君编著.—北京:国防工业出版社,2017.12

ISBN 978-7-118-11423-2

Ⅰ.①无… Ⅱ.①周… ②许… ③覃… Ⅲ.①惯性导航 Ⅳ.①TN96

中国版本图书馆 CIP 数据核字(2017)第 262805 号

※

国防工業出版社出版发行

(北京市海淀区紫竹院南路 23 号 邮政编码 100048)

天津嘉恒印务有限公司

新华书店经售

*

开本 710×1000 1/16 **印张** 9½ **字数** 181 千字

2017 年 12 月第 1 版第 1 次印刷 **印数** 1—2000 册 **定价** 69.00 元

国防书店:(010)88540777　　发行邮购:(010)88540776

发行传真:(010)88540755　　发行业务:(010)88540717

国防科技图书出版基金

无陀螺惯性导航技术

Gyro-free Inertial Navigation Technology

周红进　许江宁　覃方君　编著

国防工業出版社

·北京·

致 读 者

本书由中央军委装备发展部**国防科技图书出版基金**资助出版。

为了促进国防科技和武器装备发展，加强社会主义物质文明和精神文明建设，培养优秀科技人才，确保国防科技优秀图书的出版，原国防科工委于1988年初决定每年拨出专款，设立国防科技图书出版基金，成立评审委员会，扶持、审定出版国防科技优秀图书。这是一项具有深远意义的创举。

国防科技图书出版基金资助的对象是：

1. 在国防科学技术领域中，学术水平高，内容有创见，在学科上居领先地位的基础科学理论图书；在工程技术理论方面有突破的应用科学专著。

2. 学术思想新颖，内容具体、实用，对国防科技和武器装备发展具有较大推动作用的专著；密切结合国防现代化和武器装备现代化需要的高新技术内容的专著。

3. 有重要发展前景和有重大开拓使用价值，密切结合国防现代化和武器装备现代化需要的新工艺、新材料内容的专著。

4. 填补目前我国科技领域空白并具有军事应用前景的薄弱学科和边缘学科的科技图书。

国防科技图书出版基金评审委员会在中央军委装备发展部的领导下开展工作，负责掌握出版基金的使用方向，评审受理的图书选题，决定资助的图书选题和资助金额，以及决定中断或取消资助等。经评审给予资助的图书，由中央军委装备发展部国防工业出版社出版发行。

国防科技和武器装备发展已经取得了举世瞩目的成就，国防科技图书承担着记载和弘扬这些成就，积累和传播科技知识的使命。开展好评审工作，使有限的基金发挥出巨大的效能，需要不断摸索、认真总结和及时改进，更需要国防科技和武器装备建设战线广大科技工作者、专家、教授，以及社会各界朋友的热情支持。

让我们携起手来，为祖国昌盛、科技腾飞、出版繁荣而共同奋斗！

国防科技图书出版基金
评审委员会

国防科技图书出版基金
第七届评审委员会组成人员

前言
PREFACE

惯性导航是牛顿三大运动定律在现代导航领域的一项重要应用。惯性导航分别利用加速度计和陀螺测量载体的线运动参数(加速度)和角运动参数(角速度或角加速度),在已知载体初始条件(初始时刻位置、速度等)的基础上进行推算,从而得到后续时刻的位置、速度、姿态等信息。

一直以来,惯性导航系统(简称惯导)使用陀螺敏感地球自转角速度和测量载体的角运动参数,使用加速度计测量载体的线运动参数。从刚体运动的本质规律来讲,刚体存在角运动时,刚体上的质点也必然存在线运动,这就是刚体上的质点到刚体转动中心的"杆臂效应"。也就是说,利用"杆臂效应",可以通过敏感质点线运动参数(如加速度)测量载体的角运动参数(角速度或角加速度)。基于这一认识,1967 年,科研人员提出利用加速度计设计无陀螺惯性导航系统(Gyro-free Inertial Navigation System,GFINS)(简称无陀螺惯导)。早期加速度计的性能较低,通过"杆臂效应"测量载体角运动参数难以满足惯性导航系统设计要求,无陀螺惯导的研制难以实现。进入 21 世纪,陀螺和加速度计的制造技术、工艺都取得巨大的进步,加速度计的性能也得到了显著提高,主流加速度计的分辨力达到了 $10^{-6}g$。相比陀螺,加速度计具备性能可靠、维护简单、体积小、成本低廉的更大优势。因此,无陀螺惯性导航技术研究重新受到科研人员的重视。

本书旨在介绍实现无陀螺惯性导航必须解决的一些关键技术。其中:第 1 章介绍无陀螺惯性导航技术的发展历程和现状;第 2 章介绍无陀螺惯性导航系统的基本原理,主要是利用加速度计通过"杆臂效应"测量刚体角运动参数的原理和方法、典型的加速度计配置方案,也介绍了课题组研制的无陀螺惯性测量试验装置(Gyro-free Inertial Measurement Unit,GFIMU);第 3 章介绍无陀螺惯性导航系统进行自主初始对准和借助外部信息辅助初始对准的技术方法;第 4 章介绍无陀螺惯性导航系统的姿态解算技术,主要介绍基于四元数法设计姿态解算算法的流程和注意事项;第 5 章对无陀螺惯性导航系统的主要惯性元件加速度计的噪声特性分析和降噪技术进行比较研究,推导了非标准观测噪声条件下的卡尔曼滤波基本方程;第 6 章分析了加速度计安装误差对导航参数解算的影响,提出了一种简化快捷的加速度计安装误差校准方法;第 7 章介绍无陀螺惯导与 GPS 进行组合导航的方法,包括 EKF、UKF 和 PF 等非线性滤波方法。

本书是对无陀螺惯性导航研究课题组多年研究成果的一个总结，感谢导师许江宁教授的指导，感谢覃方君博士的帮助。成书过程得到了海军工程大学导航工程系和海军大连舰艇学院航海系领导、同事的帮助和支持，韩云东副教授和蒋永馨副教授对全书进行了校订，在此一并表示感谢。特别感谢国防科技图书出版基金对本书的出版资助。

无陀螺惯性导航技术研究涉及的学科广泛、理论深厚，加之作者的水平和能力所限，书中难免存在不妥之处，请读者不吝赐教。

作　者

2017 年 4 月 1 日于海军大连舰艇学院

目录
CONTENTS

Contents

符号说明

f	单位质量受力
J	引力
$\boldsymbol{\theta}$	加速度计敏感轴矢量
$\boldsymbol{u}$	加速度计安装位置矢量
m	加速度计质量
a	加速度
g	重力加速度
$\boldsymbol{\omega}$	载体角速度
v	载体速度
L	加速度计杆臂长度
R	地球半径
$\boldsymbol{\Omega}$	与载体角速度 $\boldsymbol{\omega}$ 对应的斜对称矩阵
P	比力在载体坐标系的投影
$\boldsymbol{C}_b^i$	坐标系 b 到坐标系 i 的矢量旋转矩阵
A	加速度计输出
ϑ,γ,H,ψ	舰船纵摇角,横摇角,航向角,方位角
λ,φ	经度,纬度
ω_e	地球自转角速度
$O_g x_g y_g z_g$	当地地理坐标系
$O_b x_b y_b z_b$	台体坐标系
α,β,ψ	初始纵向失准角、横向失准角、方位失准角
Q,Q^T	四元数,四元数转置
$q_0,\boldsymbol{q}_1$	四元数标量,四元数矢量
σ	均方差
$\mathrm{AVAR}(t)$	时间跨度 t 的 Allan 方差
$\boldsymbol{X}_k$	k 时刻状态值
$\boldsymbol{Y}_k$	k 时刻观测值
$\boldsymbol{Q}_k$	系统噪声协方差
$\boldsymbol{R}_k$	观测噪声协方差
$\hat{E}(\boldsymbol{X})$	均值运算算子
$\mathrm{cov}(\cdot,\cdot)$	协方差算子
$\mathrm{var}(\cdot)$	自方差算子

缩　略　语

INS	Inertial Navigation System (惯性导航系统)
GFINS	Gyro-free Inertial Navigation System(无陀螺惯性导航系统)
GFIMU	Gyro-Free Inertial Measurement Unit (无陀螺惯性测量试验装置)
GPS	Global Position System (卫星导航系统)
KF	Kalman Filter (卡尔曼滤波)
EKF	Extend Kalman Filter (扩展卡尔曼滤波)
UKF	Unsented Kalman Filter (无色卡尔曼滤波)
PF	Particle Filter (粒子滤波)
IAE	New Information Adaptive Estimation (基于新息自适应估计)
MMAE	Multi-model Adaptive Estimation (多模型的自适应估计)
PDF	Probability Density Function(概率密度函数)
SIS	Sequential Importance Sampling(序列重要性采样)
BIS	Bayes Importance Sampling(贝叶斯重要性采样)
RS	ReSampling(重采样)
CDF	Cumulative Distribution Function(累积分布函数)

第 1 章　概　　述

1.1　惯性导航

惯性导航系统(简称惯导)是一种不依赖外部信息,独立自主测量载体线运动与角运动,并进行姿态解算和航位推算的导航系统。惯性导航系统的主要惯性元件为陀螺和加速度计。陀螺用来敏感载体角运动,加速度计用来敏感载体线运动。惯性导航系统的诞生和发展凝聚着历代科学家的心血与成果。

1687 年,英国科学家牛顿发表了一篇题为《自然哲学的数学原理》的论文,提出了著名的牛顿运动三大定律,为惯性导航技术的发展奠定了理论基础;

1765 年,俄罗斯科学家欧拉出版了学术专著《刚体绕定点运动的理论》,对刚体定点转动做出了深入研究;

1852 年,法国科学家傅科根据欧拉刚体定点转动理论首次制造出一种能敏感地球自转运动的装置,并命名为"Gyroscope"(希腊语中意思为转动和观察),中译名为陀螺仪;

1923 年,德国科学家舒拉发表论文《运载工具的加速度对摆和陀螺仪的干扰》,发现了著名的无阻尼振荡周期,即舒拉周期。

第二次世界大战末期,德国制造出了惯性制导系统,应用在纳粹的战争工具 V-2 火箭上,这是世界上第一套实用的具有导航功能的惯性系统。从此,惯性导航技术研究和惯性导航系统研制成为世界各主要大国的科技优先发展方向之一。

现今,惯性导航系统(简称惯导系统)已经成为宇宙飞船、导弹、战机、军舰、潜艇、战车等不可或缺的关键设备之一,惯性导航系统的性能直接关系这些装备的战斗性能。

惯性导航系统的发展大致经历了两个阶段:平台式和捷联式。早期,由于计算能力的限制,加速度计和陀螺的性能较低,惯性导航系统采用平台式构造。平台惯性导航系统(Gimbled Inertial Navigation System,GINS)(简称平台惯导)具有工作稳定、导航精度较高、计算负担较轻的优点;但是平台惯性导航系统的机械编排复杂,对工作环境要求较高,因此平台惯性导航系统体积大,维护费用高,长时间工作可靠性较低,启动时间长。

1950年美国麻省理工学院(MIT)研制出第一套经过了舒拉周期调谐的平台惯性导航系统。经过近20年的发展,相关的制造和维护技术已经相当成熟,但是惯性平台的维护费用依然较高,维护过程也没有显著简化。于是从20世纪70年代早期开始,科研人员开始考虑取消平台,将惯性测量组合单元直接固连在载体上,由陀螺直接测量载体的角运动,加速度计直接测量沿载体坐标系方向的加速度,而不是如平台惯性导航系统那样始终测量北向和东向加速度。通过坐标系变换,将测量到的沿载体坐标系方向的加速度转换到导航坐标系上。这就是捷联惯性导航系统(Strapdown Inertial Navigation System,SINS)(简称捷联惯导)的基本设计思路。

随着陀螺的制造技术和工艺的提高以及各种新式陀螺的出现,陀螺的性能得到了显著提高。与此同时,加速度计的分辨力也在逐步提高,另外很重要的一点是集成电路技术以及微电子技术的快速发展,引起计算机技术的快速发展,大大提高了计算机的计算速度和精度,计算机的体积却在显著减小。在这样的条件下,研究人员可以充分进行捷联惯性导航系统研制方面的工作。20世纪80年代初期,随着激光陀螺的制造技术的成熟,捷联惯性导航系统的性能和应用逐渐为用户接受。相比平台惯性导航系统,捷联惯性导航系统重量轻、体积小、功耗低、制造成本较低、可靠性高、连续工作时间长、维护使用方便。20世纪80年代中后期,以激光陀螺捷联惯性导航系统为代表的捷联惯导系统得到了大力发展,在各个应用领域中,逐渐与平台惯导系统平分秋色,到20世纪90年代中后期,捷联惯性导航系统所占的市场比例开始超过平台惯性导航系统。

惯性导航系统从平台式发展到捷联式的过程中表明,降低系统对工作环境的要求,提高系统的抗干扰性能和可靠性,降低系统的制造成本和使用维护难度,减小系统体积,一直是科研人员孜孜以求的目标。

1.2 无陀螺惯性导航

加速度计和陀螺作为惯性导航系统的两种主要惯性元件,直接影响了惯性导航系统的发展历程。在抗干扰性能、对工作环境的要求、体积小、使用维护难度等方面,加速度计相比陀螺具有潜在的优势。因此早在1967年,A. R. Schuler就提出了利用加速度计的“杆臂效应”测量载体角速度的设想。其目的就是采用加速度计取代陀螺测量载体角速度的功能,为进一步研究完全采用加速度计设计无陀螺惯性导航系统(Gyro-free Inertial Navigation System,GFINS)(简称无陀螺惯导)奠定研究基础。由于当时的加速度计性能较差,采用加速度计构建的无陀螺惯性导航系统导航参数解算精度太低,因此研究人员暂时放弃了这一设想。

随着陀螺制造技术的相对成熟，由于物理原理方面的限制，陀螺的性能提高困难，性能较高的陀螺制造成本较高，然而，随着加速度计制造技术和工艺的提高，以及各种新概念加速度计的出现，加速度计制造成本在下降的同时，性能却在逐渐提高。进入 20 世纪 90 年代后期，随着微电子技术、纳米技术、光学技术、原子应用技术的发展，体积小、性能高、成本低廉的加速度计大量涌现，基于加速度计的无陀螺惯性导航系统的研究重新得到了科研人员的重视。

目前，主流加速度计的分辨力已经达到 $10^{-5}g \sim 10^{-6}g$。斯坦福大学和耶鲁大学实验室制造出来的原子干涉式加速度计样机的分辨力已经达到了 $10^{-10}g$，最新的研究表明原子干涉式加速度计的理论分辨力可以达到 $10^{-13}g$。如图 1.1 所示为加速度计性能发展趋势。

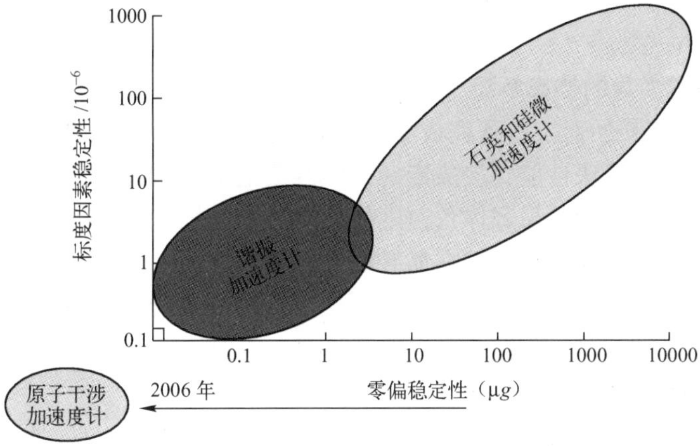

图 1.1　加速度计性能发展趋势

无陀螺惯导通过加速度计的“杆臂效应”测量载体的角运动参数，而传统惯导则直接由陀螺敏感载体角运动。角速度测量原理的不同决定了无陀螺惯导首先必须研究如何通过加速度计的“杆臂效应”测量得到较高精度的角速度，其实质是研究合理的加速度计配置方案，以尽量提高载体角速度解算精度。角速度测量原理的不同还决定了无陀螺惯导在初始对准、姿态解算、加速度计噪声特性分析与降噪、加速度计安装误差估计与补偿、以及与 GPS 进行组合导航等关键技术方面具有自身的特点，不能直接采用捷联惯导中应用的技术和方法。

1. 加速度计配置方案

早在 1965 年，L. D. Dinapoli 提出采用 6 加速度计测量载体角速度的方案，不过在该方案中没有考虑重力加速度的影响。1967 年 R. Alfred 提出了 9 加速度计测量载体旋转角速度的方案，该方案充分考虑了重力加速度的影响，理论上实现了任意运动状态下对载体角速度的测量。至今,国内外在加速度计的配置方案方面的研究,总的来说,代表性的方案有 6 加速度计方案、9 加速度计方案和 12 加速度计方案。无论哪种配置方案,其目的在于尽量提高载体角速度的解算精度。

2. 无陀螺惯导的初始对准

对于惯性导航系统而言,无论是平台式还是捷联式,初始对准是惯性导航系统必须解决的关键技术之一。对于平台式惯导,初始对准的过程主要在于通过物理平台再现导航坐标系。对于捷联式惯导,初始对准的过程在于确定载体坐标系相对导航系的初始姿态角和方位角。

相对于捷联惯导采用陀螺敏感角运动,无陀螺惯导通过加速度计的"杆臂效应"敏感计算得到载体角速度。捷联惯导的传统对准原理不能应用于无陀螺惯导的初始对准,对加速度计的精度要求也不一样。无陀螺惯导要完成初始对准,有着自己独特的方式。

3. 无陀螺惯导的姿态解算

捷联惯导在初始对准过程完成后,开始姿态解算。在角速度测量精度一定的前提下,姿态解算算法性能直接决定捷联惯导姿态解算和定位的精度。相比传统捷联惯导,无陀螺惯导测量载体角速度的精度不具优势,姿态解算的精度对算法的敏感性更强。因此,在设计无陀螺惯导的姿态解算算法时,不仅要充分考虑算法的鲁棒性,还必须充分考虑算法如何有效补偿由于加速度计输出噪声和安装误差等因素引起的角速度测量误差。

4. 无陀螺惯导的误差补偿

无陀螺惯导的主要惯性元件为加速度计,因此其误差源相对比较单一,主要是加速度计的误差,包括加速度计的零偏、标度因素误差、加速度计的安装位置误差、加速度计的敏感轴误差等。对于加速度计的零偏、标度因素误差的校正方法与传统惯导相同,主要是加速度计的安装误差和加速度计的敏感轴误差对无陀螺惯导的位置和姿态解算误差影响很大,必须采用特殊方法进行校正和补偿。

5. 无陀螺惯导与 GPS 组合导航

20 世纪 90 年代中后期,卫星导航系统(GPS)得到实际应用。GPS 的出现,大大扩展了导航技术在军用和民用领域的应用。但由于 GPS 信号抗干扰性能较弱,且 GPS 信号容易受到遮挡,因此 GPS 的工作容易受到使用环境的限制。惯性导航系统具有相对不受工作环境限制的独立自主的导航性能,因此与惯性导航系统进行组合导航成为 GPS 的主要工作方式之一。近几年,军用和民用导航市场的发展表明导航已经不是一种导航设备的绝对应用,而是多种导航设备的组合,因此组合导航是将来导航领域的必然发展趋势。在这种发展趋势下,无论是军用还是民用导航市场都需要一种制造成本较低、精度要求不高、体积较小、可靠性较高、环境适应能力较强的惯性测量单元与 GPS 导航系统进行组合导航。无陀螺惯导由于角速度解算精度相比传统捷联惯导要低,更具短期导航性能较好,长期导航性能较差的特点,与 GPS 导航系统进行组合导航尤其是无陀螺惯导的一个重点应用方向。

1.3 本书内容简介

全书共分 7 章。从无陀螺惯导的设计原理出发,逐一介绍实现无陀螺惯性导航必须解决的关键技术。

第 1 章回顾惯性导航系统的历史,从应用角度总结了惯性导航系统发展的趋势,即体积小型化、成本低廉化、应用广泛化。指出无陀螺惯性导航问题的提出是这种趋势的必然,也简要介绍了实现无陀螺惯性导航需要解决的关键技术。

第 2 章介绍无陀螺惯性导航系统的基本设计原理,重点推导了刚体运动模型。基于模型,分析指出加速度计利用"杆臂效应"测量解算载体角运动参数的4 种方法,并从提高角速度解算精度方面比较研究了各自的优劣,特别介绍和分析了 3 种典型的加速度计配置方案及其解算载体角速度的特点,包括其中由本书作者提出的 9 加速度计的配置方案。章末,介绍了课题组基于 9 加速度计的配置方案研制的无陀螺惯性测量试验装置。后续章节无陀螺惯性导航相关技术的验证都是基于该试验装置进行的。

第 3 章介绍无陀螺惯导的初始对准技术。分析传统惯性导航系统的对准方法应用于无陀螺惯导的可行性。重点介绍无陀螺惯导实现自主式初始对准的方法和条件、单轴旋转的自主式初始对准的模型、旋转角速度的选择,分析了加速度计分辨力和旋转角速度对水平对准精度和方位对准精度的影响;同时还介绍了利用外部速度信息和磁场信息辅助无陀螺惯导进行初始对准的方法和条件,给出了对准模型,仿真分析了对准精度。

第 4 章介绍无陀螺惯导常用的姿态解算技术,重点介绍利用四元数工具表达载体旋转和解算载体姿态的过程和注意事项,分析比较其与方向余弦法和欧拉角法表达载体旋转和解算载体姿态的特点。还分析了基于四元数法设计载体姿态解算算法的精度,定义了四元数解算误差,在此基础上比较分析了圆锥效应补偿前后的解算误差以及姿态更新周期与解算误差的关系。通过试验装置的试验验证,表明基于四元数的姿态解算算法可以有效解算载体姿态。

第 5 章介绍无陀螺惯导唯一的惯性元件加速度计噪声特性分析方法和降噪的方法,包括基于 Allan 方差的噪声特性分析方法、自适应卡尔曼滤波降噪方法、基于小波卡尔曼滤波降噪方法,推导了非标准观测噪声条件下卡尔曼滤波的基本方程,并利用试验装置采集的数据对自适应卡尔曼滤波降噪方法和小波卡尔曼滤波降噪方法进行了验证。

第6章首先分析了加速度计安装误差(位置安装误差和加速度计敏感轴误差)与无陀螺惯导位置、姿态解算误差之间的关系,指出加速度计安装误差校准的必要性和重要性后,重点介绍了加速度计安装误差的校准方法,先后提出快速校准加速度计安装误差的“两步法”以及改进后的“一步法”。通过试验比较加速度计误差校正前和校正后的导航参数结果,表明“一步法”校正加速度计安装误差是可行和有效的,也进一步证明了校正加速度计安装误差对于无陀螺惯导后续导航参数准确解算是非常必要的和关键的。

第7章介绍无陀螺惯导与GPS进行组合导航常用的3种典型方式,包括级联组合方式、松组合方式和紧组合方式。根据无陀螺惯导的解算方程和误差公式,推导建立了系统方程和观测方程,重点介绍了EKF方法、UKF方法、PF方法的适用条件和使用方法以及需要注意的问题。通过试验装置与GPS设备进行非线性滤波组合导航试验,表明与GPS进行组合导航可以有效提高无陀螺惯导的长期工作精度,也是无陀螺惯导将来能够投入工程应用的一个重要补充。

第 2 章　无陀螺惯性导航原理

2.1　加速度计工作原理

各种类型的加速度计中，都有敏感质量，安装在载体上的加速度计随载体一起运动，这时的惯性力与加在敏感质量上的外力相平衡。作用在敏感元件单位质量上的力有地球的引力 J 和非引力 A，如力矩反馈式加速度计中的反馈力。所以，有

$$f=A+J \tag{2.1.1}$$

式中：f 为单位质量上所受的力，即

$$\left.\frac{\mathrm{d}^2 r}{\mathrm{d}t^2}\right|_I=A+J \tag{2.1.2}$$

在加速度计中，实际上是把反馈的力作为测量的加速度信息。可见，加速度计实际是一个测力装置，它测量的是加速度产生的惯性力与引力的差，称为比力。习惯上，总是把加速度计测量的比力 A 称为加速度。

$$A=\left.\frac{\mathrm{d}^2 r}{\mathrm{d}t^2}\right|_I-J \tag{2.1.3}$$

下面简要推导加速度计实际输出与所受比力和加速度计敏感轴之间的关系。如图 2.1 所示为加速度计工作原理图。

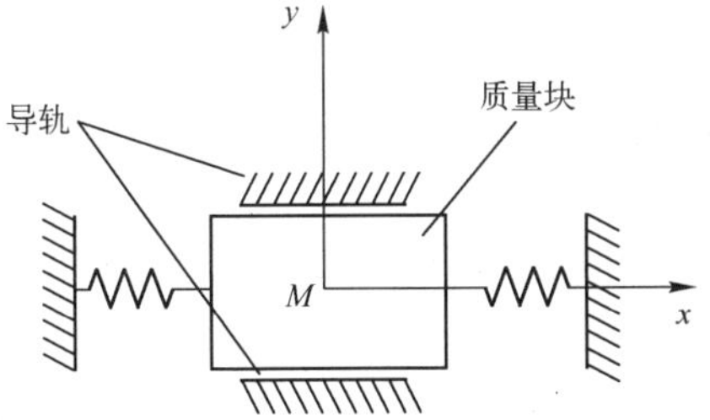

图 2.1　加速度计工作示意图

质量块 M 被限制在导轨内滑动，质量块 M 两边连着的是弹簧。xMy 为加速度计坐标系，即以加速度计中心为原点，以加速度计敏感轴 θ_I 为 x 轴建立的右手笛

卡儿角坐标系。设加速度计的中心点位置为 r_I，M 的绝对加速度为 a，弹簧的比例系数为 k，M 在 x 轴上的位移量为 δ，M 所受导轨的支承力和压力的和为 f_r，显然 $f_r \perp \theta_I$，a_g 为重力加速度，则

$$m \cdot a = -k \cdot \delta \cdot \theta_I + m \cdot a_g + f_r \tag{2.1.4}$$

$$a = \ddot{r}_I + \frac{\mathrm{d}^2(\delta \cdot \theta_I)}{\mathrm{d}t^2} \tag{2.1.5}$$

则加速度投影到敏感轴方向的输出为

$$\begin{aligned}\langle a, \theta_I \rangle &= \langle \ddot{r}_I, \theta_I \rangle + \langle \ddot{\delta} \cdot \theta_I + 2 \cdot \dot{\delta} \cdot \dot{\theta}_I + \delta \cdot \ddot{\theta}_I, \theta_I \rangle \\ &= \left\langle \frac{-k \cdot \delta \cdot \theta_I}{m}, \theta_I \right\rangle + \langle a_g, \theta_I \rangle + \left\langle \frac{f_r}{m}, \theta_I \right\rangle\end{aligned} \tag{2.1.6}$$

因为 $\langle 2 \cdot \dot{\delta} \cdot \dot{\theta}_I, \theta_I \rangle = 0$，$\langle \theta_I, \theta_I \rangle = 1$，$\langle f_r, \theta_I \rangle = 0$，所以 $\langle \ddot{r}_I, \theta_I \rangle + \ddot{\delta} + \langle \delta \cdot \ddot{\theta}_I, \theta_I \rangle = \frac{-k \cdot \delta}{m} + \langle a_g, \theta_I \rangle$，故可以得到

$$\langle \ddot{r}_I - a_g, \theta_I \rangle + \langle \delta \cdot \ddot{\theta}_I, \theta_I \rangle = \frac{-k \cdot \delta}{m} - \ddot{\delta} \tag{2.1.7}$$

式(2.1.7)右半部分即为加速度计能够测到的值，也就是加速度计的输出。

又因为 $\delta \leqslant 10^{-7}$，所以 $\langle \delta \cdot \ddot{\theta}_I, \theta_I \rangle \approx 0$，故

$$\langle \ddot{r}_I - a_g, \theta_I \rangle = \frac{-k \cdot \delta}{m} - \ddot{\delta} \tag{2.1.8}$$

从式(2.1.8)可以看出加速度计的输出实际上是加速度计安装中心(而不是质量块中心)的绝对加速度(也就是相对惯性空间的加速度)与重力加速度在加速度计敏感轴上的投影分量的矢量差。这个结论在考虑去除地球自转因素引起的向心加速度后，其实质与式(2.1.3)是一致的。

2.2 刚体运动模型

当加速度计安装在刚体上，与载体一起运动时，加速度计的输出信息与载体运动要素之间存在一定的关系。

如图 2.2 所示为刚体运动模型。图 2.2 中 $O_Ie_1e_2e_3$ 为惯性坐标系，$Of_1f_2f_3$ 为载体坐标系，M 为加速度计安装位置，M 固连在刚体 Σ 上，刚体相对惯性坐标系做任意运动。O_IO 表示载体坐标系原点在惯性坐标系中的矢量，OM 为在载体坐标系下的 O 点指向 M 点的矢量，O_IM 表示在惯性坐标系下的 M 点的位置矢量。从图中易得

$$\boldsymbol{r}_I=\boldsymbol{R}_I+\boldsymbol{r} \tag{2.2.1}$$

$\boldsymbol{r}_I,\boldsymbol{R}_I,\boldsymbol{r}$ 均为在惯性坐标系下的矢量。

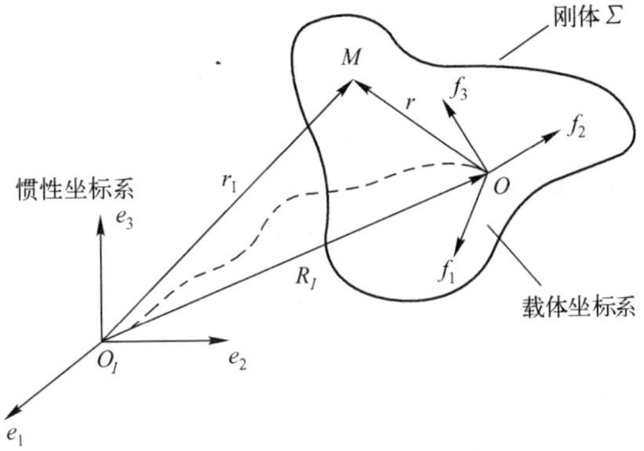

图 2.2　刚体运动模型

定义 $Of_1f_2f_3$ 到 $O_Ie_1e_2e_3$ 的旋转矩阵为 $\boldsymbol{F}$,定义 OM 在 $Of_1f_2f_3$ 载体坐标系下的矢量表示为 $\boldsymbol{u}$;则有

$$f_k=\boldsymbol{F}^{\mathrm{T}}\boldsymbol{e}_k,\ \boldsymbol{r}=\boldsymbol{F}\boldsymbol{u} \tag{2.2.2}$$

将式(2.2.2)代入式(2.2.1),对两边进行求导,并考虑到 $\boldsymbol{u}$ 为常量,可以得到

$$\ddot{\boldsymbol{r}}_I=\ddot{\boldsymbol{R}}_I+\ddot{\boldsymbol{F}}\boldsymbol{u} \tag{2.2.3}$$

因为 $\boldsymbol{F}^{\mathrm{T}}\boldsymbol{F}=\boldsymbol{I}$, 所以 $\dot{\boldsymbol{F}}^{\mathrm{T}}\boldsymbol{F}+\boldsymbol{F}^{\mathrm{T}}\dot{\boldsymbol{F}}=0$。

令 $\boldsymbol{\Omega}=\boldsymbol{F}^{\mathrm{T}}\dot{\boldsymbol{F}}$,有

$$\dot{\boldsymbol{F}}=\boldsymbol{F}\boldsymbol{\Omega}\rightarrow\ddot{\boldsymbol{F}}=\boldsymbol{F}(\dot{\boldsymbol{\Omega}}+\boldsymbol{\Omega}^2) \tag{2.2.4}$$

将式(2.2.4)、式(2.2.3)代入式(2.1.8),可以得到安装在 M 处的加速度计输出为

$$\langle\ddot{\boldsymbol{R}}_I-\boldsymbol{a}_g+\boldsymbol{F}(\dot{\boldsymbol{\Omega}}+\boldsymbol{\Omega}^2)\boldsymbol{u},\boldsymbol{\theta}_I\rangle \tag{2.2.5}$$

显然 $\boldsymbol{\theta}_I=\boldsymbol{F}\boldsymbol{\theta}$,代入式(2.2.5),得

$$\begin{aligned}\langle\ddot{\boldsymbol{R}}_I-\boldsymbol{a}_g+\boldsymbol{F}(\dot{\boldsymbol{\Omega}}+\boldsymbol{\Omega}^2),\boldsymbol{\theta}_I\rangle&=\langle\ddot{\boldsymbol{R}}_I-\boldsymbol{a}_g+\boldsymbol{F}(\dot{\boldsymbol{\Omega}}+\boldsymbol{\Omega}^2)\boldsymbol{u},\boldsymbol{F}\boldsymbol{\theta}\rangle\\&=\langle\boldsymbol{F}^{\mathrm{T}}(\ddot{\boldsymbol{R}}_I-\boldsymbol{a}_g)+(\dot{\boldsymbol{\Omega}}+\boldsymbol{\Omega}^2)\boldsymbol{u},\boldsymbol{\theta}\rangle\end{aligned} \tag{2.2.6}$$

记加速度计输出为 $A(\boldsymbol{u},\boldsymbol{\theta})$,则

$$A(\boldsymbol{u},\boldsymbol{\theta})=\langle\boldsymbol{F}^{\mathrm{T}}(\ddot{\boldsymbol{R}}_I-\boldsymbol{a}_g)+(\dot{\boldsymbol{\Omega}}+\boldsymbol{\Omega}^2)\boldsymbol{u},\boldsymbol{\theta}\rangle \tag{2.2.7}$$

式(2.2.7)即为加速度计输出与刚体运动要素之间的关系式。

记 $P=\boldsymbol{F}^{\mathrm{T}}(\ddot{\boldsymbol{R}}_I-\boldsymbol{a}_g)$,$\boldsymbol{P}$ 为比力在载体坐标系的投影。式(2.2.7)可以简化为

$$A(\boldsymbol{u},\boldsymbol{\theta})=\langle\boldsymbol{P}+(\dot{\boldsymbol{\Omega}}+\boldsymbol{\Omega}^2)\boldsymbol{u},\boldsymbol{\theta}\rangle \tag{2.2.8}$$

研究发现，$\boldsymbol{\Omega}$ 具有以下性质：

（1）$\boldsymbol{\Omega}$ 与 $\boldsymbol{\omega}$ 具有一一对应关系，即

$$\boldsymbol{\Omega}=\begin{bmatrix}0 & -\omega_z & \omega_y \\ \omega_z & 0 & -\omega_x \\ -\omega_y & \omega_x & 0\end{bmatrix}$$

（2）对任意三维列矢量 $\boldsymbol{a}$，$\boldsymbol{\Omega}\cdot\boldsymbol{a}=\boldsymbol{\omega}\times\boldsymbol{a}$。

其中，$\boldsymbol{\omega}=[\omega_x \quad \omega_y \quad \omega_z]^{\mathrm{T}}$ 为载体坐标系相对惯性坐标系的旋转角速度。

从式(2.2.8)可以看出：加速度计输出信号可测；u、θ 分别为加速度计在载体坐标系下表达的位置矢量和敏感轴矢量，也可观测。未知的变量包括 $\boldsymbol{P}$、$\boldsymbol{\Omega}$，而 $\boldsymbol{\Omega}\leftrightarrow\boldsymbol{\omega}$，因此，实际的未知的标量个数为 6。这表明，如果要完全采用加速度计既测量载体线加速度，又能测量载体运动角速度，则至少需要 6 个加速度计。式(2.2.8)也表明通过合理布置 6 个加速度计在空间中的位置，是可以实现同时解算载体线加速度和角速度或者角加速度的功能的，这也就是基于加速度计的无陀螺惯导的设计原理。

2.3 载体角速度解算

为了便于研究角速度解算过程，从而获得提高角速度解算精度的方法，根据 $\boldsymbol{\Omega}$ 的两点性质，式(2.2.8)可以改写为如下形式：

$$\begin{aligned}A(u_i,\theta_i)&=\langle \boldsymbol{P},\boldsymbol{\theta}_i\rangle+\langle \dot{\boldsymbol{\Omega}}\boldsymbol{u}_i,\boldsymbol{\theta}_i\rangle+\langle \boldsymbol{\Omega}^2\boldsymbol{u}_i,\boldsymbol{\theta}_i\rangle \\ &=\langle \boldsymbol{P},\boldsymbol{\theta}_i\rangle+\langle \dot{\boldsymbol{\omega}},\boldsymbol{u}_i\times\boldsymbol{\theta}_i\rangle+\boldsymbol{\omega}^{\mathrm{T}}\cdot\boldsymbol{u}_i\cdot\boldsymbol{\theta}_i^{\mathrm{T}}\cdot\boldsymbol{\omega}-\|\boldsymbol{\omega}\|^2\langle \boldsymbol{u}_i,\boldsymbol{\theta}_i\rangle\end{aligned} \quad (2.3.1)$$

易知：$\boldsymbol{\omega}^{\mathrm{T}}\cdot\boldsymbol{u}_i\cdot\boldsymbol{\theta}_i^{T}\cdot\boldsymbol{\omega}$ 不会恒等于 0。

由式(2.3.1)可以看出，出现在其中的相关未知标量共有 12 个，即

$$[\omega_x^2 \quad \omega_y^2 \quad \omega_z^2]^{\mathrm{T}},[\omega_y \quad \omega_z \quad \omega_x \quad \omega_z \quad \omega_x \quad \omega_y]^{\mathrm{T}},[\dot{\omega}_x \quad \dot{\omega}_y \quad \dot{\omega}_z]^{\mathrm{T}},[p_x \quad p_y \quad p_z]^{\mathrm{T}}$$

因此，角速度的解算可以通过获取$[\dot{\omega}_x \quad \dot{\omega}_y \quad \dot{\omega}_z]^{\mathrm{T}}$，$[\omega_y \quad \omega_z \quad \omega_x \quad \omega_z \quad \omega_x \quad \omega_y]^{\mathrm{T}}$ 或者$[\omega_x^2 \quad \omega_y^2 \quad \omega_z^2]^{\mathrm{T}}$ 的数值，然后进行后续处理获得。即可以根据式(2.3.1)获取角加速度、角速度的平方项、角速度交叉乘积项的解析值，然后进行后续计算处理得到载体角速度。

分析式(2.3.1)可以得到如下结论：

（1）如果 $\boldsymbol{u}_i\times\boldsymbol{\theta}_i=0(\boldsymbol{u}_i/\!/\boldsymbol{\theta}_i)$，可以消除 $\dot{\boldsymbol{\omega}}$；

（2）如果 $\langle\boldsymbol{u}_i,\boldsymbol{\theta}_i\rangle=0(\boldsymbol{u}_i\perp\boldsymbol{\theta}_i)$，即 $u_x\theta_x=0,u_y\theta_y=0,u_z\theta_z=0$，可以消除 $\|\boldsymbol{\omega}\|^2$；

（3）如果 $\theta_xu_y+\theta_yu_x=0,\theta_xu_z+\theta_zu_x=0,\theta_yu_z+\theta_zu_y=0$，可以消去 $\omega_z\omega_y$、$\omega_z\omega_x$、

$\omega_x\omega_y$ 项；

（4）不可能完全将 $\boldsymbol{u}_i$、$\boldsymbol{\theta}_i$ 与 $\boldsymbol{P}$、$\dot{\boldsymbol{\omega}}$、$\boldsymbol{\omega}^2$ 或者 $\boldsymbol{\omega}$ 分开表达。

2.3.1 角加速度的解算

由式(2.3.1)可知，保留$[\dot{\omega}_x \quad \dot{\omega}_y \quad \dot{\omega}_z]^{\mathrm{T}}$，消去$[\omega_x^2 \quad \omega_y^2 \quad \omega_z^2]^{\mathrm{T}}$、$[\omega_y \quad \omega_z \quad \omega_x \quad \omega_z \quad \omega_x \quad \omega_y]^{\mathrm{T}}$，必须满足下列条件：

（1）$\langle \boldsymbol{u}_i, \boldsymbol{\theta}_i \rangle = 0(\boldsymbol{u}_i \perp \boldsymbol{\theta}_i)$，即对每一个加速度计而言，其在载体坐标系下的安装位置矢量和敏感轴矢量必须垂直；

（2）$\theta_x u_y + \theta_y u_x = 0, \theta_x u_z + \theta_z u_x = 0, \theta_y u_z + \theta_z u_y' = 0$。

根据以上两个条件，配置 6 个加速度计的安装位置和敏感轴方向，由式(2.2.8)可以得到 6 个方程组成的方程组，即可以通过加速度计输出解算得到载体的线加速度和角加速度，合理选择加速度计的输出频率，对角加速度进行积分运算，即可得到载体的角速度为

$$\omega = \int_{t_0}^{t_0+\Delta t} \dot{\omega} \mathrm{d}t$$

2.3.2 角速度平方的解算

由式(2.3.1)可知，保留$[\omega_x^2 \quad \omega_y^2 \quad \omega_z^2]^{\mathrm{T}}$，消去$[\dot{\omega}_x \quad \dot{\omega}_y \quad \dot{\omega}_z]^{\mathrm{T}}$、$[\omega_y \quad \omega_z \quad \omega_x \quad \omega_z \quad \omega_x \quad \omega_y]^{\mathrm{T}}$，必须满足下列条件：

（1）$\boldsymbol{u}_i \times \boldsymbol{\theta}_i = 0(\boldsymbol{u}_i // \boldsymbol{\theta}_i)$，即对每一个加速度计而言，其在载体坐标系下的安装位置矢量和敏感轴矢量必须平行；

（2）$\theta_x u_y + \theta_y u_x = 0, \theta_x u_z + \theta_z u_x = 0, \theta_y u_z + \theta_z u_y = 0$。

根据以上两个条件，配置 6 个加速度计的安装位置和敏感轴方向，由式(2.2.8)可以得到 6 个方程组成的方程组，即可以通过加速度计输出解算得到载体的线加速度和角速度平方值，对角速度平方值进行开方，可以得到角速度的绝对值为

$$|\boldsymbol{\omega}| = \sqrt{\boldsymbol{\omega}^2}$$

开方后的角速度的正负值需要通过其他途径确定。对于无陀螺惯性导航技术而言，常用的办法是通过 2.3.1 节的方法获取正负号，而通过开平方的方法获得绝对值，两者结合获得载体角速度值。这样做，可以降低通过直接积分载体角加速度获得角速度的误差。

2.3.3 角速度交叉乘积项的解算

由式(2.3.1)可知,保留$[\omega_y \quad \omega_z \quad \omega_x \quad \omega_z \quad \omega_x \quad \omega_y]^{\mathrm{T}}$,消去$[\dot{\omega}_x \quad \dot{\omega}_y \quad \dot{\omega}_z]^{\mathrm{T}}$、$[\omega_x^2 \quad \omega_y^2 \quad \omega_z^2]^{\mathrm{T}}$,必须满足下列条件:

(1) $\boldsymbol{u}_i \times \boldsymbol{\theta}_i = 0(\boldsymbol{u}_i // \boldsymbol{\theta}_i)$,即对每一个加速度计而言,其在载体坐标系下的安装位置矢量和敏感轴矢量必须平行;

(2) $\langle \boldsymbol{u}_i, \boldsymbol{\theta}_i \rangle = 0(\boldsymbol{u}_i \perp \boldsymbol{\theta}_i)$,即对每一个加速度计而言,其在载体坐标系下的安装位置矢量和敏感轴矢量必须垂直。

条件(1)和条件(2)是相互矛盾的,因此不可能单独直接地解算出角速度的交叉乘积项。

分析表明,不能单独直接地解算出载体角速度的交叉乘积项,但在无陀螺惯性导航技术中,实际解算载体角速度时,可以与2.3.1节和2.3.2节的方法组合解算载体的角速度。

2.3.4 其他组合方式的角速度解算

如果只有部分加速度计在载体坐标系下的安装位置矢量和敏感轴矢量满足2.3.1节的要求,则不能单独直接解算出角加速度,方程组中就会出现未知标量,不仅包含$\dot{\omega}_x$、$\dot{\omega}_y$、$\dot{\omega}_z$,还会包含如ω_x^2、ω_y^2、ω_z^2或者$\omega_y\omega_z$、$\omega_x\omega_z$、$\omega_x\omega_y$这样的未知标量,这种情况下,方程组中的未知标量的总个数(包含P中的3个未知标量在内)将会超过6个,这就意味着在设计加速度计的配置方案时,需要超过6个的更多的加速度计才能解算出角加速度和角速度平方项或者角速度乘积项。这就是组合方式下的角速度计算。

同理,如果只有部分加速度计在载体坐标系下的安装位置矢量和敏感轴矢量满足2.3.2节的要求,也会出现需要超过6个的更多的加速度计才能解算出角速度平方项和角加速度或者角速度乘积项。这也是组合方式下的角速度计算。

2.4 加速度计配置方案

加速度计的配置方案指的是加速度计的个数、加速度计的安装位置、加速度计的敏感轴矢量以及各个加速度计敏感杆臂的长度。加速度计的配置方案直接决定了载体线加速度、角速度的解算方式和途径,也是加速度计自身性能指标之外,决定着无陀螺惯导系统精度的主要因素。

2.4.1 经典 6 加速度计配置方案

如图 2.3 和图 2.4 所示为加利福尼亚大学伯克利分校的 Tan 提出的经典 6 加速度计配置方案。设 6 个加速度计的输出为 $\boldsymbol{A}=[A_1 \quad A_2 \quad \cdots \quad A_6]^{\mathrm{T}}$，分别安装在一个边长为 $2L$ 的立方体上，它们安装在惯性坐标系（i 系）中的位置依次为 $\boldsymbol{r}_1 \quad \boldsymbol{r}_2 \quad \cdots \quad \boldsymbol{r}_6$，在载体坐标系（$\boldsymbol{b}$ 系）中的位置依次为 $\boldsymbol{u}_1 \ \boldsymbol{u}_2 \quad \cdots \quad \boldsymbol{u}_6$；方向矢量在 i 系中依次为 $\boldsymbol{\theta}_{I1} \quad \boldsymbol{\theta}_{I2} \quad \cdots \quad \boldsymbol{\theta}_{I6}$，在 b 系中依次为 $\boldsymbol{\theta}_1 \quad \boldsymbol{\theta}_2 \quad \cdots \quad \boldsymbol{\theta}_6$。

图 2.3　Tan 提出的 6 加速度计试验原型系统

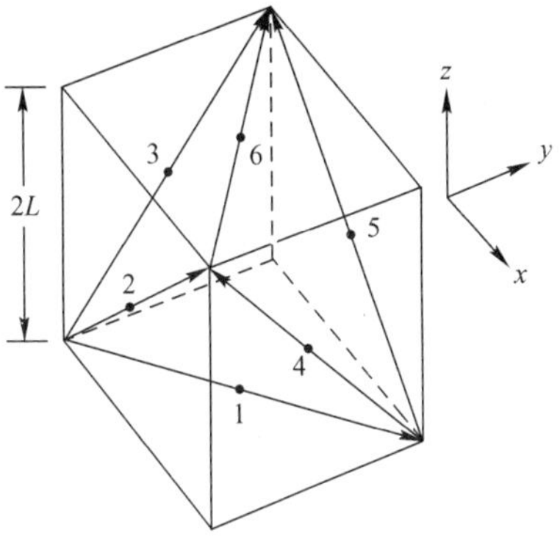

图 2.4　Tan 提出的 6 加速度计配置

$$[\boldsymbol{u}_1 \quad \boldsymbol{u}_2 \quad \boldsymbol{u}_3 \quad \boldsymbol{u}_4 \quad \boldsymbol{u}_5 \quad \boldsymbol{u}_6]=L\begin{bmatrix}0 & 0 & -1 & 1 & 0 & 0\\0 & -1 & 0 & 0 & 1 & 0\\-1 & 0 & 0 & 0 & 0 & 1\end{bmatrix} \tag{2.4.1}$$

$$[\boldsymbol{\theta}_1 \quad \boldsymbol{\theta}_2 \quad \boldsymbol{\theta}_3 \quad \boldsymbol{\theta}_4 \quad \boldsymbol{\theta}_5 \quad \boldsymbol{\theta}_6]=\frac{1}{\sqrt{2}}\begin{bmatrix}1 & 1 & 0 & 0 & -1 & -1\\1 & 0 & 1 & -1 & 0 & 1\\0 & 1 & 1 & 1 & 1 & 0\end{bmatrix} \tag{2.4.2}$$

若 b 系到 i 系的转移矩阵为 $\boldsymbol{C}_b^i$，则

$$\boldsymbol{r}_l=\boldsymbol{C}_b^i\,\boldsymbol{u}_l,\ \boldsymbol{\theta}_{Il}=\boldsymbol{C}_b^i\,\boldsymbol{\theta}_l \quad (l=1,2\cdots,6) \tag{2.4.3}$$

由式（2.3.1）可得第 l 个加速度计在 i 系中投影表达方式为

$$\boldsymbol{A}(\boldsymbol{u}_l,\boldsymbol{\theta}_l)=(\boldsymbol{u}_l\times\boldsymbol{\theta}_l)^{\mathrm{T}}\,\dot{\boldsymbol{\omega}}_{ib}^b+\boldsymbol{\theta}_l^{\mathrm{T}}\,(\boldsymbol{\Omega}_{ib}^b)^2\,\boldsymbol{u}+\boldsymbol{\theta}_l^{\mathrm{T}}\,\boldsymbol{P}^b \quad (l=1,2,\cdots,6) \tag{2.4.4}$$

再设 b 系中角速度矢量 $\boldsymbol{\omega}_{ib}^b=[\omega_x \quad \omega_y \quad \omega_z]^{\mathrm{T}}$，斜对称矩阵 $\boldsymbol{\Omega}_{ib}^b=\begin{bmatrix}0 & -\boldsymbol{\omega}_z & \boldsymbol{\omega}_y\\\boldsymbol{\omega}_z & 0 & -\boldsymbol{\omega}_x\\-\boldsymbol{\omega}_y & \boldsymbol{\omega}_x & 0\end{bmatrix}$，将式（2.4.1）和式（2.4.2）代入式（2.4.4）并改写为矩阵形式，有

$$\begin{bmatrix} A_1 \\ A_2 \\ \vdots \\ A_6 \end{bmatrix} = \begin{bmatrix} (\boldsymbol{u}_1 \times \boldsymbol{\theta}_1)^{\mathrm{T}} & \boldsymbol{\theta}_1^{\mathrm{T}} \\ (\boldsymbol{u}_2 \times \boldsymbol{\theta}_2)^{\mathrm{T}} & \boldsymbol{\theta}_2^{\mathrm{T}} \\ \vdots & \vdots \\ (\boldsymbol{u}_N \times \boldsymbol{\theta}_6)^{\mathrm{T}} & \boldsymbol{\theta}_6^{\mathrm{T}} \end{bmatrix} \cdot \begin{bmatrix} \dot{\boldsymbol{\omega}}_{ib}^{b} \\ \boldsymbol{P}^{b} \end{bmatrix} + \begin{bmatrix} \boldsymbol{\theta}_1^{\mathrm{T}} (\boldsymbol{\Omega}^{b})^{2} \boldsymbol{u}_1 \\ \boldsymbol{\theta}_2^{\mathrm{T}} (\boldsymbol{\Omega}^{b})^{2} \boldsymbol{u}_2 \\ \vdots \\ \boldsymbol{\theta}_6^{\mathrm{T}} (\boldsymbol{\Omega}^{b})^{2} \boldsymbol{u}_6 \end{bmatrix} \tag{2.4.5}$$

式中：$\boldsymbol{P}^{b}=\boldsymbol{C}_{i}^{b}(\ddot{\boldsymbol{R}}_{I}-\boldsymbol{g})$为加速度计比力信息。

令$\boldsymbol{J}_1=[\boldsymbol{u}_1\times\boldsymbol{\theta}_1 \quad \boldsymbol{u}_2\times\boldsymbol{\theta}_2 \quad \cdots \quad \boldsymbol{u}_6\times\boldsymbol{\theta}_6]$，$\boldsymbol{J}_2=[\boldsymbol{\theta}_1 \quad \boldsymbol{\theta}_2 \quad \cdots \quad \boldsymbol{\theta}_6]$，有

$$\boldsymbol{J}=[\boldsymbol{J}_1^{\mathrm{T}} \quad \boldsymbol{J}_2^{\mathrm{T}}]=\begin{bmatrix} (\boldsymbol{u}_1 \times \boldsymbol{\theta}_1)^{\mathrm{T}} & \boldsymbol{\theta}_1^{\mathrm{T}} \\ (\boldsymbol{u}_2 \times \boldsymbol{\theta}_2)^{\mathrm{T}} & \boldsymbol{\theta}_2^{\mathrm{T}} \\ \vdots & \vdots \\ (\boldsymbol{u}_6 \times \boldsymbol{\theta}_6)^{\mathrm{T}} & \boldsymbol{\theta}_6^{\mathrm{T}} \end{bmatrix}$$

若$\boldsymbol{J}$的左逆矩阵存在，设为$\boldsymbol{J}^{-}$，则 6 加速度计 GFINS 的解算方程为

$$\begin{bmatrix} \dot{\boldsymbol{\omega}}_{ib}^{b} \\ \boldsymbol{P}^{b} \end{bmatrix} = \boldsymbol{J}^{-} \begin{bmatrix} A_1 \\ A_2 \\ \vdots \\ A_6 \end{bmatrix} - \boldsymbol{J}^{-} \begin{bmatrix} \boldsymbol{\theta}_1^{\mathrm{T}} (\boldsymbol{\Omega}^{b})^{2} \boldsymbol{u}_1 \\ \boldsymbol{\theta}_2^{\mathrm{T}} (\boldsymbol{\Omega}^{b})^{2} \boldsymbol{u}_2 \\ \vdots \\ \boldsymbol{\theta}_6^{\mathrm{T}} (\boldsymbol{\Omega}^{b})^{2} \boldsymbol{u}_6 \end{bmatrix} \tag{2.4.6}$$

$$\dot{\boldsymbol{\omega}}_{ib}^{b} = \begin{bmatrix} \dot{\omega}_x \\ \dot{\omega}_y \\ \dot{\omega}_z \end{bmatrix} = \frac{1}{2L^2}\boldsymbol{J}_1\boldsymbol{A} = \frac{1}{2\sqrt{2}L}\begin{bmatrix} A_1-A_2+A_5-A_6 \\ -A_1+A_3-A_4-A_6 \\ A_2-A_3-A_4+A_5 \end{bmatrix} \tag{2.4.7}$$

$$\boldsymbol{P}^{b} = \frac{1}{2}\boldsymbol{J}_2\boldsymbol{A}+L\begin{bmatrix} \omega_y\omega_z \\ \omega_z\omega_x \\ \omega_x\omega_y \end{bmatrix} = \frac{1}{2\sqrt{2}}\begin{bmatrix} A_1+A_2-A_5-A_6 \\ A_1+A_3-A_4+A_6 \\ A_2+A_3+A_4+A_5 \end{bmatrix} + L\begin{bmatrix} \omega_y\omega_z \\ \omega_z\omega_x \\ \omega_x\omega_y \end{bmatrix} \tag{2.4.8}$$

由式(2.4.7)可求得刚体三维的转动矢量$\dot{\boldsymbol{\omega}}_{ib}^{b}$，由式(2.4.8)可解算得到三维的平动矢量$\boldsymbol{P}^{b}=\boldsymbol{C}_{i}^{b}(\ddot{\boldsymbol{R}}_{I}-\boldsymbol{g})$，共 6 个变量。

GFINS 的导航解算的基本过程如图 2.5 所示，主要包括：

(1) 利用式(2.4.7)进行积分运算，求取$\boldsymbol{\omega}_{ib}^{b}$(角运动)；

(2) 根据$\boldsymbol{\omega}_{ib}^{b}\rightarrow\boldsymbol{\Omega}^{b}$对应关系以及斜对称矩阵与坐标转换矩阵的关系，求取$\boldsymbol{C}_{i}^{b}$；

(3) 解算式(2.4.8)，求取$\ddot{\boldsymbol{R}}_{I}$(线运动)；

(4) 将$\ddot{\boldsymbol{R}}_{I}$经两次积分，可取得载体相对惯性空间的位置信息。

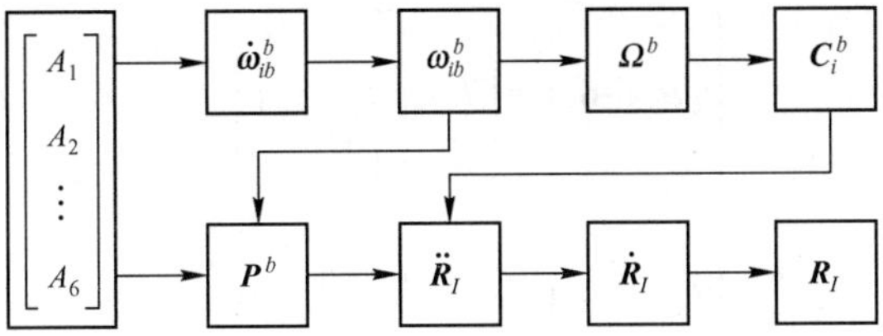

图 2.5　6 加速度计 GFINS 解算流程

2.4.2　典型的 9 加速度计配置方案

2.4.1 节介绍了一种经典的 6 加速度计的方案，这个方案直接解算载体的角加速度，然后通过积分获取角速度。这个方案的优点是结构简单紧凑，只需要 6 个加速度计，解算过程简洁明了；缺点是通过积分计算得到角速度，角速度误差会随着积分运算随时间发散，从而导致在后续解算载体位置和姿态时误差发散迅速。因此，实际设计加速度计配置方案时，不建议采用这种方案解算载体角速度。2.3.1 节的分析表明，采用 9 加速度计或者 12 加速度计的方案，可以解算角速度的交叉乘积项或角速度的平方项，通过开方运算得到载体角速度，这种解算载体角速度的方法有助于提高角速度解算精度，降低后续解算载体位置和姿态时的误差。

图 2.6 所示为本书作者提出的典型的 9 加速度计配置方案。该方案可以消去$[\omega_x^2 \quad \omega_y^2 \quad \omega_z^2]^{\mathrm{T}}$，即要求加速度计的安装位置矢量与敏感轴矢量满足以下关系：

$$\langle \boldsymbol{u}_i,\ \boldsymbol{\theta}_i \rangle = 0,\quad u_{ix}\theta_{ix} = 0,\quad u_{iy}\theta_{iy} = 0,\quad u_{iz}\theta_{iz} = 0$$

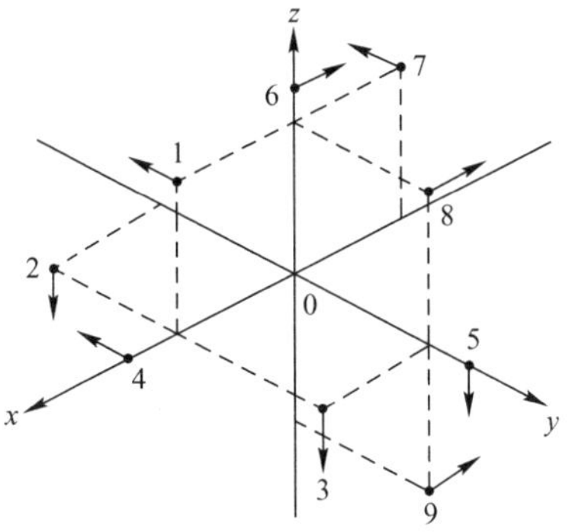

图 2.6　一种典型的 9 加速度计配置方案

9 个加速度计的安装位置和敏感轴方向见式(2.4.9)。

$$
\begin{cases}
[\boldsymbol{u}_1 \vdots \boldsymbol{\theta}_1] = \left[L \cdot \begin{pmatrix} 1 \\ 0 \\ 1 \end{pmatrix} \vdots \begin{matrix} 0 \\ -1 \\ 0 \end{matrix} \right] \\
[\boldsymbol{u}_2 \vdots \boldsymbol{\theta}_2] = \left[L \cdot \begin{pmatrix} 1 \\ -1 \\ 0 \end{pmatrix} \vdots \begin{matrix} 0 \\ 0 \\ -1 \end{matrix} \right] \\
[\boldsymbol{u}_3 \vdots \boldsymbol{\theta}_3] = \left[L \cdot \begin{pmatrix} 1 \\ 1 \\ 0 \end{pmatrix} \vdots \begin{matrix} 0 \\ 0 \\ -1 \end{matrix} \right] \\
[\boldsymbol{u}_4 \vdots \boldsymbol{\theta}_4] = \left[L \cdot \begin{pmatrix} 1.5 \\ 0 \\ 0 \end{pmatrix} \vdots \begin{matrix} 0 \\ -1 \\ 0 \end{matrix} \right] \\
[\boldsymbol{u}_5 \vdots \boldsymbol{\theta}_5] = \left[L \cdot \begin{pmatrix} 0 \\ 1.5 \\ 0 \end{pmatrix} \vdots \begin{matrix} 0 \\ 0 \\ -1 \end{matrix} \right] \\
[\boldsymbol{u}_6 \vdots \boldsymbol{\theta}_6] = \left[L \cdot \begin{pmatrix} 0 \\ 0 \\ 1.5 \end{pmatrix} \vdots \begin{matrix} -1 \\ 0 \\ 0 \end{matrix} \right] \\
[\boldsymbol{u}_7 \vdots \boldsymbol{\theta}_7] = \left[L \cdot \begin{pmatrix} -1 \\ 0 \\ 1 \end{pmatrix} \vdots \begin{matrix} 0 \\ -1 \\ 0 \end{matrix} \right] \\
[\boldsymbol{u}_8 \vdots \boldsymbol{\theta}_8] = \left[L \cdot \begin{pmatrix} 0 \\ 1 \\ 1 \end{pmatrix} \vdots \begin{matrix} -1 \\ 0 \\ 0 \end{matrix} \right] \\
[\boldsymbol{u}_9 \vdots \boldsymbol{\theta}_9] = \left[L \cdot \begin{pmatrix} 0 \\ 1 \\ -1 \end{pmatrix} \vdots \begin{matrix} -1 \\ 0 \\ 0 \end{matrix} \right]
\end{cases} \tag{2.4.9}
$$

将式(2.4.9)代入式(2.3.1)可以解算得到载体坐标系上的比力$[p_x \quad p_y \quad p_z]^{\mathrm{T}}$，载体坐标系角加速度微分值$[\dot{\omega}_x \quad \dot{\omega}_y \quad \dot{\omega}_z]^{\mathrm{T}}$，角速度交叉乘积值$[\omega_y\omega_z \quad \omega_z\omega_y \quad \omega_x\omega_y]^{\mathrm{T}}$的表达式。

$$
\begin{bmatrix} p_x \\ p_y \\ p_z \end{bmatrix} = \begin{bmatrix} -A_6+3/4 \cdot A_8-3/4 \cdot A_9 \\ 3/4 \cdot A_1-A_4-3/4 \cdot A_7 \\ -3/4 \cdot A_2+3/4 \cdot A_3-A_5 \end{bmatrix} \tag{2.4.10}
$$

$$\begin{bmatrix}\omega_y\omega_z\\ \omega_x\omega_z\\ \omega_x\omega_y\end{bmatrix}=\frac{1}{8L}\begin{bmatrix}-5\cdot A_1+2\cdot A_2-2\cdot A_3+4\cdot A_4+A_7\\ A_2-5\cdot A_3+4\cdot A_5-2\cdot A_8+2\cdot A_9\\ -2\cdot A_1+4\cdot A_6+2\cdot A_7-5\cdot A_8+A_9\end{bmatrix}\tag{2.4.11}$$

$$\begin{bmatrix}\dot{\omega}_x\\ \dot{\omega}_y\\ \dot{\omega}_z\end{bmatrix}=\frac{1}{8L}\begin{bmatrix}5\cdot A_1+2\cdot A_2-2\cdot A_3-4\cdot A_4-A_7\\ -A_2+5\cdot A_3-4\cdot A_5-2\cdot A_8+2\cdot A_9\\ -2\cdot A_1-4\cdot A_6+2\cdot A_7+5\cdot A_8-A_9\end{bmatrix}\tag{2.4.12}$$

由式(2.4.10)可解算得到载体的三维的平动矢量$\boldsymbol{P}^b=\boldsymbol{C}_i^b(\ddot{\boldsymbol{R}}_I-\boldsymbol{g})$，由式(2.4.11)可求得载体三维的转动矢量$|\boldsymbol{\omega}^b$，由式(2.4.12)可以决定$\boldsymbol{\omega}^b$的正负号，确定共6个变量。

GFINS的导航解算的基本过程如图2.7所示，主要包括：

(1) 利用式(2.4.11)和式(2.4.12)确定$\boldsymbol{\omega}_{ib}^b$(角运动)；

(2) 根据$\boldsymbol{\omega}_{ib}^b\rightarrow\boldsymbol{\Omega}^b$对应关系以及斜对称矩阵与坐标转换矩阵的关系，求取$\boldsymbol{C}_i^b$；

(3) 解算式(2.4.10)，求取$\ddot{\boldsymbol{R}}_I$(线运动)；

(4) 对$\ddot{\boldsymbol{R}}_I$进行两次积分，可取得载体相对惯性空间的位置信息。

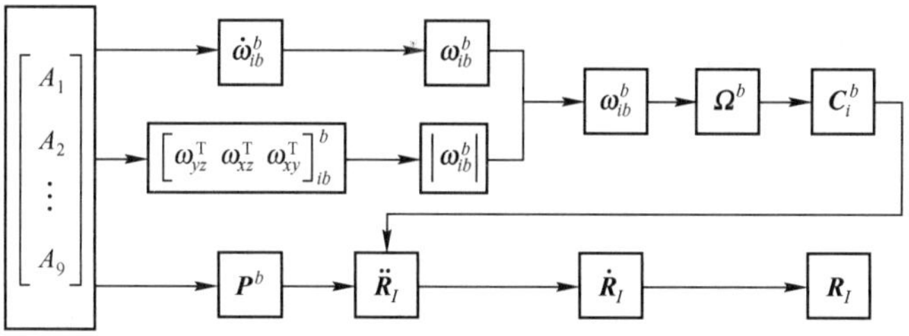

图2.7 典型的9加速度计GFINS的解算流程

2.4.3 一种12加速度计的配置方案

海军工程大学汪小娜提出了一种12加速度计的配置方案，该方案是在经典6加速度计方案的基础上新增6个加速度计，新增的6个加速度计的安装位置如图2.8所示。设12个加速度计的输出为$\boldsymbol{A}=[A_1\quad A_2\quad\cdots\quad A_{12}]^{\mathrm{T}}$，分别安装在一个边长为$2L$的立方体上，它们安装在惯性坐标系($i$系)中的位置依次为$\boldsymbol{r}_1,\boldsymbol{r}_2,\cdots,\boldsymbol{r}_{12}$，在载体坐标系($b$系)中的位置依次为$\boldsymbol{u}_1,\boldsymbol{u}_2,\cdots,\boldsymbol{u}_{12}$；敏感轴方向矢量在$i$系中依次为$\boldsymbol{\theta}_{I1},\boldsymbol{\theta}_{I2},\cdots,\boldsymbol{\theta}_{I12}$，在$b$系中依次为$\boldsymbol{\theta}_1,\boldsymbol{\theta}_2,\cdots,\boldsymbol{\theta}_{12}$。

$$[\boldsymbol{u}_1\quad\boldsymbol{u}_2\quad\cdots\quad\boldsymbol{u}_{12}]=L\begin{bmatrix}0&0&-1&1&0&0&1&-1&0&0&0&0\\0&-1&0&0&1&0&0&0&1&-1&0&0\\-1&0&0&0&0&1&0&0&0&0&1&-1\end{bmatrix}\tag{2.4.13}$$

$$[\boldsymbol{\theta}_1 \quad \boldsymbol{\theta}_2 \quad \cdots \quad \boldsymbol{\theta}_{12}] = \frac{1}{\sqrt{2}}\begin{bmatrix} 1 & 1 & 0 & 0 & -1 & -1 & 1 & 1 & 0 & 0 & 0 & 0 \\ 1 & 0 & 1 & -1 & 0 & 1 & 0 & 0 & 1 & 1 & 0 & 0 \\ 0 & 1 & 1 & 1 & 1 & 0 & 0 & 0 & 0 & 0 & 1 & 1 \end{bmatrix}$$

(2.4.14)

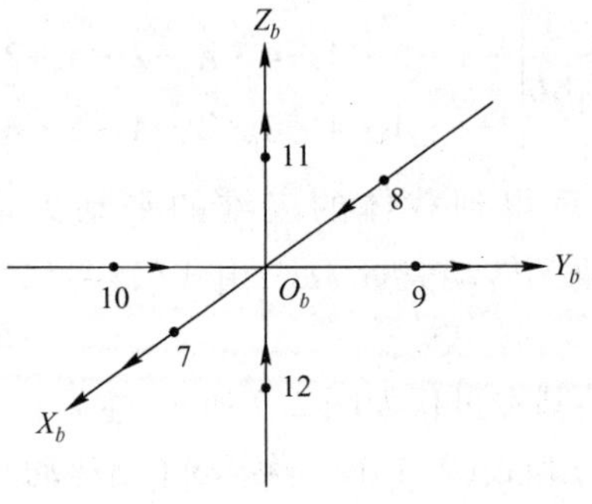

图 2.8　一种 12 加速度计配置方案

将式(2.4.13)和式(2.4.14)代入式(2.3.1)可以解算得到载体坐标系上的比力$[p_x \quad p_y \quad p_z]^{\mathrm{T}}$,载体坐标系角加速度微分值$[\dot{\omega}_x \quad \dot{\omega}_y \quad \dot{\omega}_z]^{\mathrm{T}}$,角速度平方项$[\omega_x^2 \quad \omega_y^2 \quad \omega_z^2]^{\mathrm{T}}$的表达式。

$$\begin{bmatrix} \dot{\omega}_x \\ \dot{\omega}_y \\ \dot{\omega}_z \end{bmatrix} = \frac{1}{2L^2}\boldsymbol{J}_1\boldsymbol{A} = \frac{1}{2\sqrt{2}L}\begin{bmatrix} A_1 - A_2 + A_5 - A_6 \\ -A_1 + A_3 - A_4 - A_6 \\ A_2 - A_3 - A_4 + A_5 \end{bmatrix} \tag{2.4.15}$$

$$\begin{bmatrix} p_x \\ p_y \\ p_z \end{bmatrix} = \frac{1}{2}\boldsymbol{J}_2\boldsymbol{A} + L\begin{bmatrix} \omega_y\omega_z \\ \omega_z\omega_x \\ \omega_x\omega_y \end{bmatrix} = \frac{1}{2\sqrt{2}}\begin{bmatrix} A_1 + A_2 - A_5 - A_6 \\ A_1 + A_3 - A_4 + A_6 \\ A_2 + A_3 + A_4 + A_5 \end{bmatrix} + L\begin{bmatrix} \omega_y\omega_z \\ \omega_z\omega_x \\ \omega_x\omega_y \end{bmatrix} \tag{2.4.16}$$

$$\begin{bmatrix} \omega_x^2 \\ \omega_y^2 \\ \omega_z^2 \end{bmatrix} = \frac{1}{4L}\begin{bmatrix} A_7 - A_8 - A_9 + A_{10} - A_{11} + A_{12} \\ A_7 + A_8 + A_9 - A_{10} - A_{11} + A_{12} \\ A_7 + A_8 - A_9 + A_{10} + A_{11} - A_{12} \end{bmatrix} \tag{2.4.17}$$

由式(2.4.17)可求得载体三维的转动矢量$|\boldsymbol{\omega}^b|$,由式(2.4.15)可以确定$\boldsymbol{\omega}^b$的正负号,由式(2.4.16)可解算得到载体三维的平动矢量$\boldsymbol{P}^b = \boldsymbol{C}_i^b(\ddot{\boldsymbol{R}}_I - \boldsymbol{g})$,确定共 6 个变量。

GFINS 的导航解算的基本过程如图 2.9 所示,主要包括:

(1) 利用式(2.4.17)和式(2.4.16)确定$\boldsymbol{\omega}_{ib}^b$(角运动);

(2) 根据$\boldsymbol{\omega}_{ib}^b \to \boldsymbol{\Omega}^b$对应关系以及斜对称矩阵与坐标转换矩阵的关系,求取$\boldsymbol{C}_i^b$;

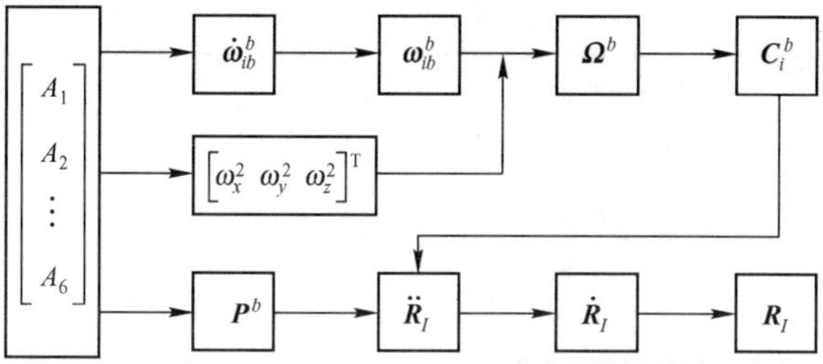

图 2.9　典型的 12 加速度计 GFINS 的解算流程

（3）解算式(2.4.16)，求取$\ddot{\boldsymbol{R}}_I$(线运动)；

（4）将$\ddot{\boldsymbol{R}}_I$ 经两次积分，可取得载体相对惯性空间的位置信息。

2.5　GFIMU 试验装置

课题组根据 2.4.2 节所设计的加速度计配置方案，研制了如图 2.10 所示的无陀螺测量试验装置（Gyro-free Inertial Measurement Unit，GFIMU）。后续介绍无陀螺惯性导航的相关技术验证工作均是基于该 GFIMU 进行的。

加工的加速度计安装基座如图 2.11 所示。选用的加速度计是河北廊坊光明仪表厂生产的 JSD-I/B 型力矩反馈式挠性加速度计，如图 2.12 所示。其主要性能指标如表 2-1 所列。

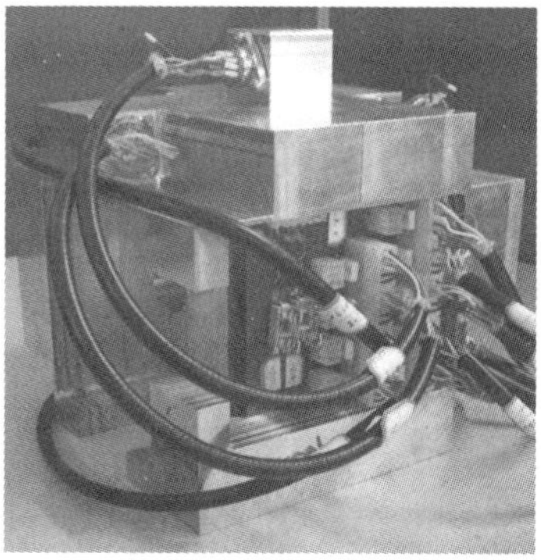

图 2.10　GFIMU 试验装置

图 2.11　加速度计安装基座

表 2-1　JSD-I/B 型力矩反馈式挠性加速度计性能指标

序　号	项目名称	单　位	技术要求
1	零　偏	mg	≤3
2	标度因素	mA/g	1.25±0.15

（续）

序　号	项目名称	单　位	技术要求
3	零偏温度系数	mg/℃	≤30
4	标度因素温度系数	$\times10^{-6}$/℃	≤50
5	固有频率	Hz	≤400
6	分辨力	g	$\leq5\times10^{-6}$

图 2.12　JSD-I/B 型力矩反馈式挠性加速度计

由于加速度计的直接输出为电流量，标度因素为 mA/g，为了提高信号的采集精度，在信号输出两端串接了一个 4kΩ 的精密电阻，如图 2.13 所示。电阻性能指标如表 2-2 所列。

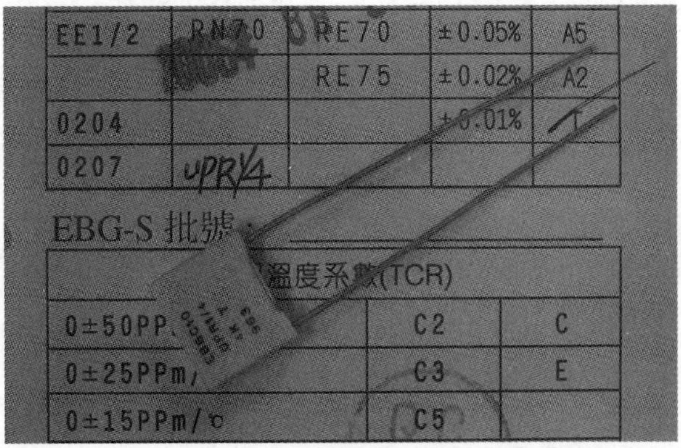

图 2.13　4kΩ 的精密电阻

表 2-2　精密电阻性能指标

主要参数	指　标
标称阻值	4kΩ
允许误差	0.01%
温度系数	2×10^{-6}

采用的采集卡为 NI DAQ6015。如图 2.14 所示。

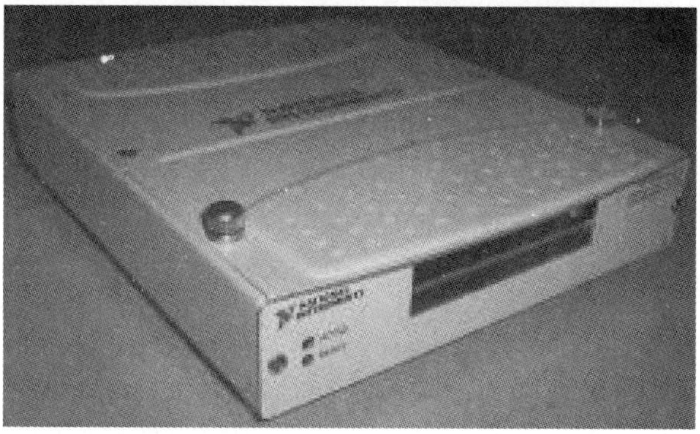

图 2.14　NI DAQ6015 数据采集卡

第3章 无陀螺惯导初始对准

无论何种惯导系统,其本质都是基于积分运算实现导航参数解算的。初始条件是否准确直接影响到惯导系统的导航精度,是惯导系统正常运行的先决条件。因此,初始对准技术一直是惯导系统的关键技术之一。一般地,初始对准包括粗对准和精对准两个过程。根据对准过程是否需要外部信息,可分为自主式对准和非自主式对准两类。

3.1 自主式初始对准

对于平台式惯导而言,初始对准的实质是将平台系对准到导航系(一般选为当地地理坐标系,以下若无特别说明,导航系即选为当地地理坐标系)。平台式惯导的对准过程包含了伺服控制回路。显然,平台式惯导的对准方式无法应用于无陀螺惯导。

对于捷联惯导而言,基本的对准方式有两种:

(1) 开环对准方式。即根据加速度计和陀螺输出直接确定载体坐标系到地理坐标系的方向余弦矩阵。

(2) 闭环方式。这种方式下,在计算机中模拟地理坐标系,称为数字平台坐标系。其目的是将数字平台系对准到地理坐标系。当数字平台系与地理坐标系的夹角为0°时,表明数字平台系已经对准到地理坐标系。这样,数字平台系也就建立起来了。数字平台系是通过四元数来表示的。

捷联惯导开环方式与闭环方式两种初始对准方式的主要区别在于:开环模式直接根据加速度计和陀螺的输出单向计算载体坐标系到地理坐标系之间的旋转矩阵;闭环模式则在将数字平台坐标系对准到地理坐标系的计算过程中,将加速度计的输出作为控制信号反馈到对准过程中,从而在粗对准和精对准过程中加速数字平台坐标系与地理坐标系姿态与方位失准角的收敛速度。捷联惯导实际应用中一般采用闭环对准方式。

3.1.1 捷联惯导对准原理应用于无陀螺惯导的可行性分析

捷联惯导对准过程分为两步:粗对准过程和精对准过程。捷联惯导在开始精对准过程之前需要完成粗对准。下面介绍粗对准过程的原理。

静基座条件下,加速度计敏感的比力为负重力加速度。定义东北天坐标系为当地地理坐标系。载体坐标系各个坐标轴大致指向东北天。

1. 水平粗对准

静基座条件下,加速度计敏感的比力在地理坐标系的投影为

$$[f_E \quad f_N \quad f_{Up}]^{\mathrm{T}}=[0 \quad 0 \quad g]^{\mathrm{T}} \tag{3.1.1}$$

因此,比力在载体坐标系的投影为

$$\begin{bmatrix} f_{xb} \\ f_{yb} \\ f_{zb} \end{bmatrix}=\boldsymbol{C}_n^b\begin{bmatrix} 0 \\ 0 \\ g \end{bmatrix} \tag{3.1.2}$$

式中:$\boldsymbol{C}_n^b$ 为当地地理坐标系到载体坐标系的旋转矩阵。

定义载体坐标系初始纵摇角为 ϑ_0,初始横摇角为 γ_0,初始方位角为 H_0。

$$\boldsymbol{C}_n^b=\begin{bmatrix} \cos\gamma_0\cos H_0-\sin\vartheta_0\sin\gamma_0\sin(-H_0) & \cos\gamma_0\sin(-H_0)+\sin\vartheta_0\sin\gamma_0\cos H_0 & -\cos\vartheta_0\sin\gamma_0 \\ -\cos\vartheta_0\sin(-H_0) & \cos\vartheta_0\cos H_0 & \sin\vartheta_0 \\ \sin\gamma_0\cos H_0+\sin\vartheta_0\cos\gamma_0\sin(-H_0) & \sin\gamma_0\sin(-H_0)-\sin\vartheta_0\cos\gamma_0\cos H_0 & \cos\vartheta_0\cos\gamma_0 \end{bmatrix} \tag{3.1.3}$$

假设将捷联惯导安装后,载体坐标系的 $X_bO_bY_b$ 面与地理坐标系的 $X_nO_nY_n$ 面接近,即 $\vartheta,\gamma\in[1°,3°]$。此时,有

$$\begin{cases} \sin\vartheta_0\approx\vartheta_0 \\ \cos\vartheta_0\approx 1 \\ \sin\gamma_0\approx\gamma_0 \\ \cos\gamma_0\approx 1 \end{cases} \tag{3.1.4}$$

将式(3.1.4)代入式(3.1.3),就可以获得小角度情况下的地理坐标系到载体坐标系的近似旋转矩阵为

$$\boldsymbol{C}_n^b\approx\begin{bmatrix} \cos H_0 & -\sin H_0 & -\gamma_0 \\ \sin H_0 & \cos H_0 & \vartheta_0 \\ \gamma_0\cos H_0-\vartheta_0\sin H_0 & -\gamma\sin H_0-\vartheta_0\cos H_0 & 1 \end{bmatrix} \tag{3.1.5}$$

将式(3.1.5)代入式(3.1.2),得

$$\begin{bmatrix} f_{xb} \\ f_{yb} \end{bmatrix}=\begin{bmatrix} -g\gamma_0 \\ g\vartheta_0 \end{bmatrix} \tag{3.1.6}$$

显然,从式(3.1.6)可以获得载体坐标系的水平失准角的估计值。考虑加速度计零偏,加速度计的实际输出方程为

$$
\begin{cases}
z_{x_b} = -g\gamma_0 + B_{x_b} \\
z_{y_b} = g\vartheta_0 + B_{y_b}
\end{cases}
\tag{3.1.7}
$$

从式(3.1.7)可以看出,初始对准过程中水平失准角的估计精度由加速度计零偏决定,即

$$
\begin{cases}
\delta\gamma_0 = \dfrac{B_{x_b}}{g} \\
\delta\vartheta_0 = -\dfrac{B_{y_b}}{g}
\end{cases}
\tag{3.1.8}
$$

2. 方位粗对准

静基座条件下,利用地球自转角速度在载体坐标系的投影信息可以实现方位粗对准。如图 3.1 所示为当地地理坐标系和载体坐标系。

记地球自转角速度为 ω_e,经度和纬度分别为 λ 和 φ。地球自转角速度在地理坐标系的投影为

$$
\begin{cases}
\omega_x^n = 0 \\
\omega_y^n = \omega_e \cos\varphi \\
\omega_z^n = \omega_e \sin\varphi
\end{cases}
\tag{3.1.9}
$$

由于水平角为小角度,因此在进行方位粗对准时,可以假设 $X_nO_nY_n$ 和 $X_bO_bY_b$ 重合。地球自转角速度在载体坐标系的投影如图 3.2 所示。

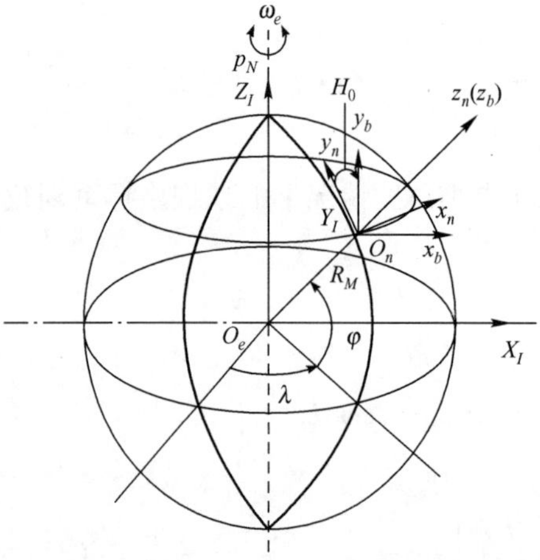

图 3.1 地理坐标系与载体坐标系示意图

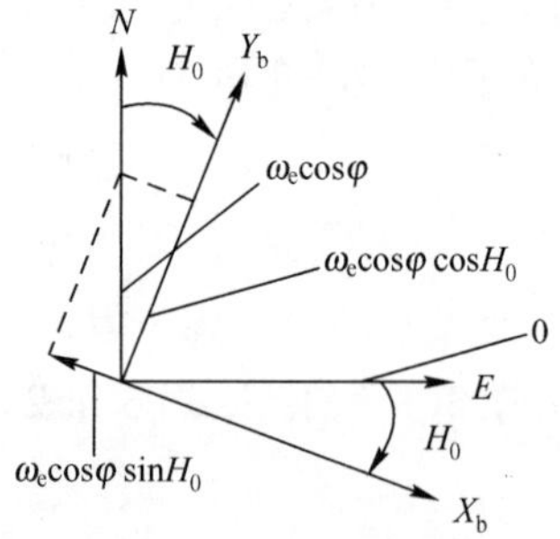

图 3.2 方位对准原理示意图

从图 3.2 可以看出,由于载体坐标系与地理坐标系存在方位失准角,地球自转

角速度在载体坐标系上的投影为

$$\begin{cases}\omega_x^b=-\omega_e\cos\varphi\sin H_0\\ \omega_y^b=\omega_e\cos\varphi\cos H_0\end{cases} \tag{3.1.10}$$

从式(3.1.10)可以看到载体坐标系上 OX_b 和 OY_b 轴向的陀螺测量得到的角速度分别为 ω_x^b 和 ω_y^b，这表明陀螺输出包含了方位失准角的信息。

$$H_0=-\arctan\frac{\omega_x^b}{\omega_y^b} \tag{3.1.11}$$

捷联惯导粗略估计方位失准角就是根据式(3.1.11)做出的。

捷联惯导粗对准原理表明：水平粗对准过程可以直接应用到无陀螺惯导的水平粗对准过程中；方位粗对准，捷联惯导根据东向和北向陀螺测量的角速度信息进行粗对准。无陀螺惯导通过加速度计的“杆臂效应”计算获得角速度信息。因此捷联惯导方位粗对准原理是否可以直接应用到无陀螺惯导的关键是：加速度计的“杆臂效应”是否可以敏感到地球自转角速度。

由式(3.1.10)可以发现：

$$\begin{cases}|\omega_x^b|_{\max}=\omega_e\\ |\omega_y^b|_{\max}=\omega_e\end{cases} \tag{3.1.12}$$

在2.4.2节中介绍了典型的9加速度计的无陀螺惯导的配置方案，假设1、2、3、7、8、9号加速度计的杆臂 $L=0.08\text{m}$，4、5、6号加速度计的杆臂长为 $1.5L=0.12\text{m}$。由于地球自转，4、5、6号加速度计敏感到的“杆臂效应”最大值为

$$L\omega_e^2=0.12\times(7.2921158\times10^{-5})^2=6.38099\times10^{-10}\text{m/s}^2\approx6.38099\times10^{-11}\text{g} \tag{3.1.13}$$

目前，主流加速度计的分辨力为 $10^{-6}g\sim10^{-7}g$。新概念加速度计，如原子干涉式加速度计实验室分辨力达到 $3\times10^{-9}g$，原子干涉式加速度计的理论最大分辨力为 $10^{-13}g$。因此就目前而言，利用加速度计的“杆臂效应”直接敏感地球自转角速度是非常困难的。即使在未来，加速度计的分辨力达到了 $10^{-13}g$，式(3.1.13)分析的由于地球自转引起的最大“杆臂效应”为 $6.38099\times10^{-11}g$，最小的情况下，杆臂效应为0。如果增大杆臂，如杆臂长度扩大100倍，即 $1.5L=12\text{m}$，最大“杆臂效应”扩大100倍，达到 $6.38099\times10^{-9}g$，加速度计仍然难以通过如此之长的杆臂敏感地球自转角速度，况且12m的杆臂，对于无陀螺惯导的制造而言，也是不切实际的。

基于以上分析可以看出，通过有限的“杆臂效应”难以直接准确敏感地球自转角速度，因此捷联惯导的方位粗对准原理不能直接应用于无陀螺惯导。

3.1.2 单轴旋转的自主式对准方法

从 3.1.1 节的分析可以看出,捷联惯导的初始对准原理不能直接应用于无陀螺惯导的初始对准。其主要原因是利用加速度计有限的“杆臂效应”难以敏感到地球自转角速度,因此无法实现方位粗对准。这里介绍本书作者提出的一种基于单轴旋转的自主式对准方法。

1. 自主式初始对准模型

图 3.3 所示为无陀螺惯导的自主式初始对准模型。$O_g x_g y_g z_g$ 为当地地理坐标系,简称 n 系。$O_b x_b y_b z_b$ 为无陀螺惯导台体坐标系,简称 b 系。O_g 所处纬度位置为 φ。$O_b x_b$ 与水平面 $O_g x_g y_g$ 之间的夹角(舰船上称为横摇角)为 β,$O_b y_b$ 与水平面 $O_g x_g y_g$ 之间的夹角(舰船上称为纵摇角)为 α。加速度计放置在 A 点。加速度计在台体坐标系中位置矢量为 $\boldsymbol{\rho}$,加速度计位置矢量在水平面上的投影与地理北之间的夹角为 ψ。初始对准的过程也就是确定 α、β、ψ 角的过程。地球自转角速度为 ω_e,台体坐标系的旋转角速度为 Ω。假设 $\Omega/\omega_e \geqslant 10^4$。

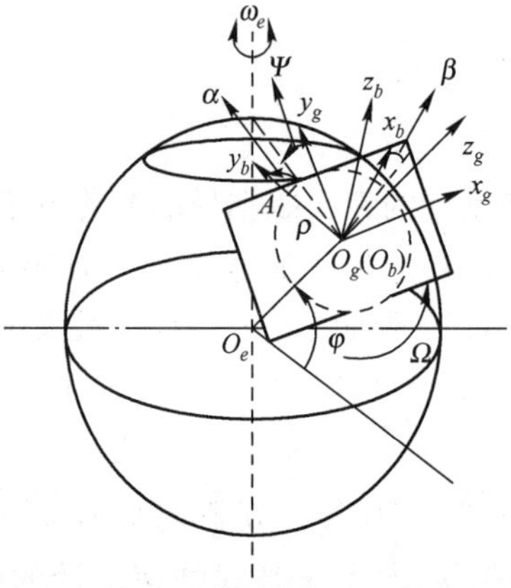

(a) 对准模型

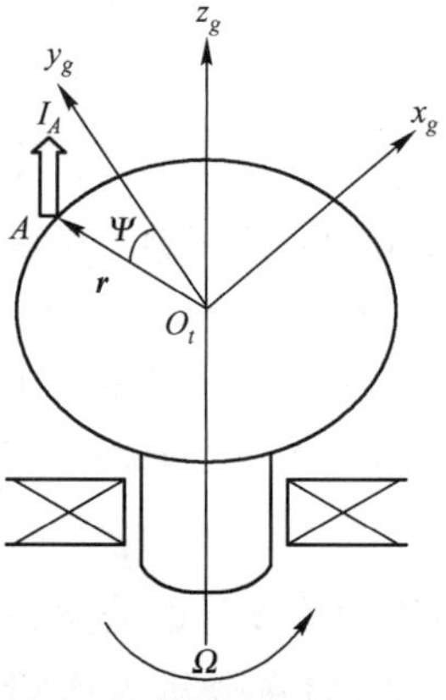

(b) 旋转模型

图 3.3 自主式初始对准模型

当台体坐标系以角速度 Ω 绕 $O_b z_b$ 匀速旋转时(图 3.3(b)),根据科里奥利加速度定理,可以获得质点 A 的绝对加速度在地理坐标系的投影为

$$\boldsymbol{a}^g = \boldsymbol{G} + \frac{\mathrm{d}^2 \boldsymbol{r}}{\mathrm{d}t^2} + 2\boldsymbol{\omega}_e \times \frac{\mathrm{d}\boldsymbol{r}}{\mathrm{d}t} + \boldsymbol{\omega}_e \times (\boldsymbol{\omega}_e \times \boldsymbol{r}) \tag{3.1.14}$$

其中

$$\boldsymbol{G} = \begin{bmatrix} 0 \\ 0 \\ -g \end{bmatrix} \tag{3.1.15}$$

$$\boldsymbol{\omega}_e=\begin{bmatrix}0\\ \omega_N\\ \omega_H\end{bmatrix}=\begin{bmatrix}0\\ \omega_e\cos\varphi\\ \omega_e\sin\varphi\end{bmatrix} \tag{3.1.16}$$

$\boldsymbol{r}$ 为质点 A 在地理坐标系中的位置矢量。易知 $\boldsymbol{r}$ 在台体坐标系中的位置矢量始终为$[0\quad\rho\quad 0]^{\mathrm{T}}$。0 时刻台体坐标系到地理坐标系的旋转矩阵为

$$\boldsymbol{C}_b^n=\begin{bmatrix}\cos\psi\cos\beta+\sin\psi\sin\alpha\sin\beta & \cos\alpha\sin\psi & \sin\beta\cos\psi-\sin\alpha\cos\beta\sin\psi\\ -\cos\beta\sin\psi+\sin\alpha\sin\beta\cos\psi & \cos\alpha\cos\psi & -\sin\beta\sin\psi-\cos\psi\sin\alpha\cos\beta\\ -\sin\beta\cos\alpha & \sin\alpha & \cos\alpha\cos\beta\end{bmatrix} \tag{3.1.17}$$

所以可以得到 0 时刻的 $\boldsymbol{r}$ 的表达式为

$$\boldsymbol{r}=C_b^n\begin{bmatrix}0\\ \rho\\ 0\end{bmatrix}=\begin{bmatrix}\rho\cos\alpha\sin\psi\\ \rho\cos\alpha\cos\psi\\ \rho\sin\alpha\end{bmatrix} \tag{3.1.18}$$

当台体坐标系以角速度 Ω 绕 O_bz_b 做匀速旋转运动,则在 t 时刻,台体坐标系到 0 时刻台体坐标系的旋转矩阵为

$$\boldsymbol{C}_t^0=\begin{bmatrix}\cos(\Omega t) & -\sin(\Omega t) & 0\\ \sin(\Omega t) & \cos(\Omega t) & 0\\ 0 & 0 & 1\end{bmatrix} \tag{3.1.19}$$

故 t 时刻台体坐标系到地理坐标系的旋转矩阵为

$$\boldsymbol{C}_{b_t}^n=\begin{bmatrix}(\cos\psi\cos\beta+\sin\psi\sin\alpha\sin\beta)\cos\Omega t+\sin\Omega t\cos\alpha\sin\psi & -\sin\Omega t(\cos\psi\cos\beta+\sin\psi\sin\alpha\sin\beta)+\cos\Omega t\cos\alpha\sin\psi & \sin\beta\cos\psi-\sin\alpha\cos\beta\sin\psi\\ (-\cos\beta\sin\psi+\sin\alpha\sin\beta\cos\psi)\cos\Omega t+\sin\Omega t\cos\alpha\cos\psi & -\sin\Omega t(-\cos\beta\sin\psi+\sin\alpha\sin\beta\cos\psi)+\cos\Omega t\cos\alpha\cos\psi & -\sin\beta\sin\psi-\cos\psi\sin\alpha\cos\beta\\ -\sin\beta\cos\alpha\cos\Omega t+\sin\alpha\sin\Omega t & \sin\beta\cos\alpha\sin\Omega t+\sin\alpha\cos\Omega t & \cos\alpha\cos\beta\end{bmatrix} \tag{3.1.20}$$

则 t 时刻地理坐标系到台体坐标系的旋转矩阵为

$$\boldsymbol{C}_{n_t}^b=(\boldsymbol{C}_{b_t}^n)^{-1}$$

所以,t 时刻,有

$$\boldsymbol{r}=\begin{bmatrix}-\rho\sin\Omega t(\cos\psi\cos\beta+\sin\psi\sin\alpha\sin\beta)+\rho\cos\Omega t\cos\alpha\sin\psi\\ -\rho\sin\Omega t(-\cos\beta\sin\psi+\sin\alpha\sin\beta\cos\psi)+\rho\cos\Omega t\cos\alpha\cos\psi\\ \rho\sin\beta\cos\alpha\sin\Omega t+\rho\sin\alpha\cos\Omega t\end{bmatrix} \tag{3.1.21}$$

将式(3.1.15)、式(3.1.16)、式(3.1.21)代入式(3.1.14),并注意到 $\Omega >> \omega_e$,得

$$\boldsymbol{a}^g=$$

$$\begin{bmatrix} \rho\begin{pmatrix} \Omega^2\cos\psi\cos\beta\sin\Omega t+\Omega^2\sin\Omega t\sin\psi\sin\alpha\sin\beta-\Omega^2\cos\Omega t\sin\psi\cos\alpha+2\Omega\omega_e\cos\varphi\cos\alpha\sin\beta\cos\Omega t \\ -2\Omega\omega_e\cos\varphi\sin\alpha\sin\Omega t-2\Omega\omega_e\sin\varphi\sin\psi\cos\beta\cos\Omega t+2\Omega\omega_e\sin\varphi\cos\psi\sin\beta\sin\alpha\cos\Omega t+ \\ 2\Omega\omega_e\sin\varphi\sin\psi\cos\alpha\sin\Omega t \end{pmatrix} \\ \rho(-\Omega^2\sin\psi\cos\beta\sin\Omega t+\Omega^2\cos\psi\sin\beta\sin\alpha\sin\Omega t-\Omega^2\cos\psi\cos\alpha\cos\Omega t- \\ 2\Omega\omega_e\sin\varphi\cos\psi\cos\beta\cos\Omega t \\ -2\Omega\omega_e\sin\varphi\sin\psi\sin\beta\sin\alpha\cos\Omega t-2\Omega\omega_e\sin\varphi\sin\psi\cos\alpha\sin\beta\sin\Omega t) \\ -g-\rho\Omega^2\sin\beta\cos\alpha\sin\Omega t-\rho\Omega^2\sin\alpha\cos\Omega t+2\rho\Omega\omega_e\cos\varphi\cos\psi\cos\beta\cos\Omega t... \\ +2\rho\Omega\omega_e\cos\varphi\sin\psi\sin\alpha\sin\beta\sin\Omega t+2\rho\Omega\omega_e\cos\varphi\sin\psi\cos\alpha\sin\Omega t \end{bmatrix} \tag{3.1.22}$$

投影到台体坐标系,得

$$\boldsymbol{a}^b=\boldsymbol{C}_{n_t}^b\boldsymbol{a}^g$$

$$=\begin{bmatrix} g\sin\beta\cos\alpha\cos\Omega t-g\sin\alpha\sin\Omega t \\ -\rho\Omega^2+2\rho\Omega\omega_e\sin\alpha\cos\varphi\cos\psi\cos\beta-2\rho\Omega\omega_e\sin\varphi\cos\alpha\cos\beta... \\ +2\rho\Omega\omega_e\sin\psi\cos\varphi\sin\beta-g\cos\alpha\sin\beta\sin\Omega t-g\sin\alpha\cos\Omega t \\ 2\rho\Omega\omega_e\cos\psi\cos\varphi\cos\alpha\cos\Omega t-g\cos\beta\cos\alpha+2\rho\Omega\omega_e\sin\alpha\sin\varphi\cos\Omega t... \\ +2\rho\Omega\omega_e\cos\alpha\sin\varphi\sin\beta\sin\Omega t-2\rho\Omega\omega_e\sin\beta\cos\psi\cos\varphi\sin\alpha\sin\Omega t+2\rho\Omega\omega_e\sin\psi\cos\varphi\cos\beta\sin\Omega t \end{bmatrix} \tag{3.1.23}$$

如果 $\Omega=0$,即台体处于静止状态,则

$$\boldsymbol{a}^b=\begin{bmatrix} g\cos\alpha\sin\beta \\ -g\sin\alpha \\ -g\cos\beta\cos\alpha \end{bmatrix} \tag{3.1.24}$$

从式(3.1.24)可以看出,实际上只需要两个加速度计即可以获得台体静态姿态。

如果需要确定台体坐标系的方位,不可以令 $\Omega=0$,也就是说必须在台体坐标系旋转的状态下才可以根据式(3.1.23)确定台体的方位。容易知道,在台体坐标系上放置3个单轴加速度计,令其敏感轴方向分别指向 Ox_b, Oy_b, Oz_b,则在考虑加速度计的噪声输出后,由式(3.1.23)可以获得台体坐标系上加速度计的实际输出为

$$\boldsymbol{a}^b=$$

$$\begin{bmatrix} g\sin\beta\cos\alpha\cos\Omega t-g\sin\alpha\sin\Omega t \\ -\rho\Omega^2+2\rho\Omega\omega_e\sin\alpha\cos\varphi\cos\psi\cos\beta-2\rho\Omega\omega_e\sin\varphi\cos\alpha\cos\beta\ldots \\ +2\rho\Omega\omega_e\sin\psi\cos\varphi\sin\beta-g\cos\alpha\sin\beta\sin\Omega t-g\sin\alpha\cos\Omega t \\ 2\rho\Omega\omega_e\cos\psi\cos\varphi\cos\alpha\cos\Omega t-g\cos\beta\cos\alpha+2\rho\Omega\omega_e\sin\alpha\sin\varphi\cos\Omega t\ldots \\ +2\rho\Omega\omega_e\cos\alpha\sin\varphi\sin\beta\sin\Omega t-2\rho\Omega\omega_e\sin\beta\cos\psi\cos\varphi\sin\alpha\sin\Omega t+2\rho\Omega\omega_e\sin\psi\cos\varphi\cos\beta\sin\Omega t \end{bmatrix}$$

$$+\begin{bmatrix} n_x^b \\ n_y^b \\ n_z^b \end{bmatrix}+\begin{bmatrix} \delta_x^b \\ \delta_y^b \\ \delta_z^b \end{bmatrix} \tag{3.1.25}$$

式中：$[\delta_x^b \quad \delta_y^b \quad \delta_z^b]^{\mathrm{T}}$ 为加速度计的零偏；$[n_x^b \quad n_y^b \quad n_z^b]^{\mathrm{T}}$ 为加速度计的噪声误差。

取其周期变化量：

$$f_{AC}=\begin{bmatrix} g\sin\beta\cos\alpha\cos\Omega t-g\sin\alpha\sin\Omega t \\ -g\cos\alpha\sin\beta\sin\Omega t-g\sin\alpha\cos\Omega t \\ -2\rho\Omega\omega_e\cos\psi\cos\varphi\cos\alpha\cos\Omega t+2\rho\Omega\omega_e\sin\varphi\sin\alpha\cos\Omega t+2\rho\Omega\omega_e\sin\varphi\cos\alpha\sin\beta\sin\Omega t\ldots \\ -2\rho\Omega\omega_e\sin\beta\sin\alpha\cos\psi\cos\varphi\sin\Omega t+2\rho\Omega\omega_e\sin\psi\cos\varphi\cos\beta\sin\Omega t \end{bmatrix} \tag{3.1.26}$$

对 f_{AC} 进行符号积分：

$$\left.\begin{aligned} A &= \int_0^T f_{AC}\mathrm{sgn}(\cos\Omega t)\,\mathrm{d}t \\ B &= \int_0^T f_{AC}\mathrm{sgn}(\sin\Omega t)\,\mathrm{d}t \end{aligned}\right\} \tag{3.1.27}$$

计算，得

$$A=\begin{bmatrix} 4g\cos\alpha\sin\beta/\Omega \\ -4g\sin\alpha/\Omega \\ 8\rho\omega_e(\cos\psi\cos\varphi\cos\alpha+\sin\varphi\sin\alpha) \end{bmatrix} \tag{3.1.28}$$

$$B=\begin{bmatrix} -4g\sin\alpha/\Omega \\ -4g\cos\alpha\sin\beta/\Omega \\ -8\rho\omega_e(-\sin\beta\sin\varphi\cos\alpha+\sin\alpha\sin\beta\cos\varphi\cos\psi-\cos\beta\sin\psi\cos\varphi) \end{bmatrix} \tag{3.1.29}$$

式(3.1.28)、式(3.1.29)是基于单轴旋转的无陀螺惯导的自主式初始对准的基本方程。在 A 点放置 3 个速度计，令 3 个加速度计的敏感轴方向分别指向 O_bx_b，O_by_b，O_bz_b，则由式(3.1.28)、式(3.1.29)可以计算获得 α,β,ψ 的值。

2. 台体旋转角速度选择

选择确定台体旋转角速度时，主要考虑因素包括以下几点：

（1）加速度计的周期量输出信号能够被准确检测；

（2）为了保证初始对准过程中加速度计采集信号的准确性，加速度计的信号输出频率应该大于初始对准频率；

（3）考虑初始对准过程中计算机的数据处理负担，以及一个初始对准周期的时间精度。

由式（3.1.26）可以发现，初始对准精度直接与加速度计的交流输出部分的幅值的检测精度有关。f_{AC}的 X 向分量和 Y 向分量的幅值远远大于 Z 向分量，因此这里主要考虑f_{AC}的 Z 向分量的幅值。当 $\alpha=\beta=10°$，$\varphi=30.5830°$，$\psi=30°$，$\rho=0.12\text{m}$，f_{AC}的 Z 向分量幅值与 Ω 之间的关系如图 3.4 所示。从图中可以看出，f_{AC}的 Z 向分量随台体旋转角速度的增大而增大。

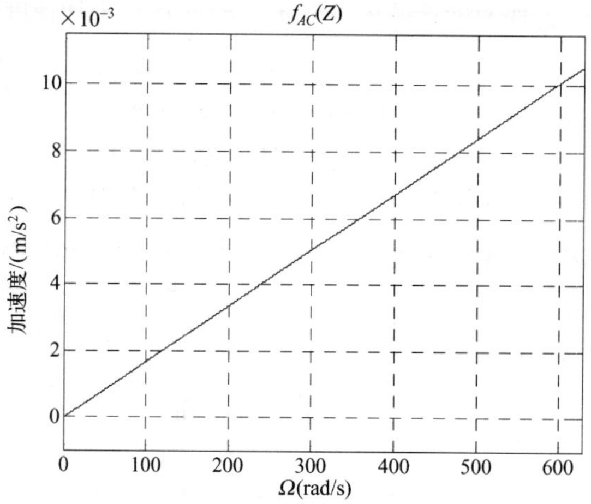

图 3.4 f_{AC}的 Z 向分量幅值与 Ω 之间的关系

假设加速度计分辨力为 $5\times10^{-6}g$，要求f_{AC}的 Z 向分量幅值能够被加速度计敏感到，则其最小角速度可以根据式（3.1.26）计算得到：$\Omega_{\min}=180°/\text{s}$，即最小转速 0.5r/s。

3.1.3 初始对准精度分析

1. 水平对准精度

由式（3.1.28）、式（3.1.29），得

$$\alpha=-\arcsin(\Omega A_y/(4g))$$
$$\beta=\arcsin(\Omega A_x/(4g\cos\alpha)) \tag{3.1.30}$$

由式（3.1.30），得

$$\sigma_\alpha^2=\left(\frac{1}{\sqrt{1-(\Omega A_y/(4g)^2}}\frac{\Omega}{4g}\right)^2\sigma_{A_y}^2 \tag{3.1.31}$$

$$\sigma_\beta^2=\left(\frac{1}{\sqrt{1-(\Omega A_x/(4g\cos\alpha)^2}}\frac{\Omega}{4g\cos\alpha}\right)^2\sigma_{A_x}^2+\left(\frac{1}{\sqrt{1-(\Omega A_x/(4g\cos\alpha)^2}}\frac{\Omega A_x}{4g}\sec\alpha\tan\alpha\right)^2\sigma_\alpha^2 \tag{3.1.32}$$

由式(3.1.27)可以发现,σ_{Ax},σ_{Ay},σ_{Az}不仅与加速度计的测量精度有关,也与积分周期有关。

记加速度计的测量精度为 σ_{acc},则

$$\sigma_{Ax}=\sigma_{Ay}=\sigma_{Az}=2\pi/\Omega\cdot\sigma_{\text{acc}} \tag{3.1.33}$$

将式(3.1.33)代入式(3.1.31)、式(3.1.32),得

$$\sigma_\alpha^2=\left(\frac{1}{\sqrt{1-(\Omega A_y/(4g))^2}}\frac{2\pi}{4g}\right)^2\sigma_{\text{acc}}^2 \tag{3.1.34}$$

$$\sigma_\beta^2=\left(\frac{1}{\sqrt{1-(\Omega A_x/(4g\cos\alpha))^2}}\frac{2\pi}{4g\cos\alpha}\right)^2\sigma_{\text{acc}}^2+\left(\frac{1}{\sqrt{1-(\Omega A_x/(4g\cos\alpha))^2}}\frac{\Omega A_x}{4g}\sec\alpha\tan\alpha\right)^2\sigma_\alpha^2 \tag{3.1.35}$$

由式(3.1.28)可以发现,当初始姿态角和方位角一定时,ΩA_x,ΩA_y 值一定。也就是说,对一次初始对准过程,ΩA_x,ΩA_y 不变。由式(3.1.34)可以看出,当加速度计测量精度已知时,台体旋转角速度的改变对 σ_α 没有影响,由式(3.1.35)进一步发现,在 σ_α 不变的情况下,σ_β 也不变。

从以上的分析可以发现,台体旋转角速度的改变,并不影响水平对准精度。水平对准精度主要由水平角的值和加速度计测量精度决定。

2. 方位对准精度

由式(3.1.28)可以得到

$$\psi=\arcsin((A_z/(8\rho\omega_e)-\sin\varphi\sin\alpha)/(\cos\varphi\cos\alpha)) \tag{3.1.36}$$

$$\begin{aligned}\sigma_\psi^2=&\frac{1}{64\rho^2\omega_e^2\cos^2\varphi\cos^2\alpha(1-(A_z/8\rho\omega_e-\sin\varphi\cdot\sin\alpha)^2/(\cos^2\varphi\cos^2\alpha))}\sigma_{A_z}^2\\&+\frac{(A_z\sec\alpha\tan\alpha/8\rho\omega_e\cos\varphi-\tan\varphi\sec^2\alpha)^2}{1-(A_z/8\rho\omega_e-\sin\varphi\sin\alpha)^2/\cos^2\varphi\cos^2\alpha)}\cdot\sigma_\alpha^2\end{aligned} \tag{3.1.37}$$

由式(3.1.37)可以发现,方位对准精度与 A_z,σ_{A_Z},σ_α 有关,而与台体旋转角速度没有直接关系。由式(3.1.28)可以看出,A_z 与台体旋转角速度也没有关系,σ_{A_Z} 与加速度计的测量精度和积分周期有关。由前面的分析可以看出,σ_α 与台体旋转角速度无关。综上分析,可以发现,σ_ψ 与 σ_{A_Z}具有直接关系,且 σ_{A_Z}增大,则 σ_ψ 也

随之增大。

重写式(3.1.33):

$$\sigma_{Ax}=\sigma_{Ay}=\sigma_{Az}=2\pi/\Omega\cdot\sigma_{acc}$$

综合式(3.1.33)、式(3.1.37),可以发现,在加速度计测量精度不变的情况下,σ_{Az}与Ω成反比例关系,即台体旋转角速度增大,σ_{ψ}减小,方位对准精度提高。

3.1.4 仿真

3.1.3节分析了单轴旋转的自主式对准方法的初始水平和方位对准精度与加速度计测量精度、台体旋转角速度之间的关系。这一节介绍仿真试验结果。

试验条件如下:

以2.4.2节介绍的典型的9加速度计的配置方案为模型进行仿真试验。假设杆臂长度$\rho=0.12\text{m}$,台体初始姿态与方位角为:$\alpha=10°$,$\beta=10°$,$\psi=30°$,加速度计分辨力为$5\times10^{-6}g$。根据3.1.2节的分析,选择台体旋转角速度为:$\Omega=1\text{r/s}$,即$\Omega=2\pi\text{rad/s}$。

其他参数:$g=9.78\text{m/s}^2$,$\varphi=30.5830°$,$\omega_e=7.2921\times10^{-5}\text{rad/s}$。

f_{AC}的X,Y,Z向分量随时间的变化曲线如图3.5~图3.7所示。

从图3.5~图3.7可以看出,f_{AC}的幅值按照旋转周期变化,f_{AC}^x,f_{AC}^y的幅值量级达到了2.5m/s^2,f_{AC}^z的幅值量级达到了$1\times10^{-4}\text{m/s}^2$,相当于$1\times10^{-5}g$。目前主流加速度计的分辨力水平可以测量$f_{AC}$的周期变化量。这说明根据3.1.2节提出的自主式初始对准模型,选择台体旋转角速度$\Omega=2\pi\text{rad/s}$是可行的。

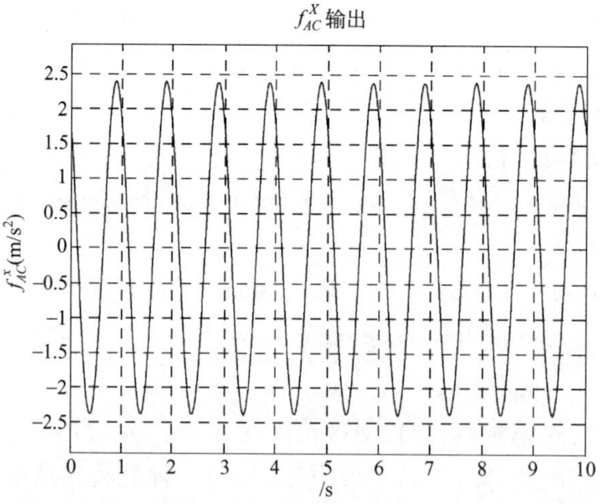

图3.5 f_{AC}^x曲线

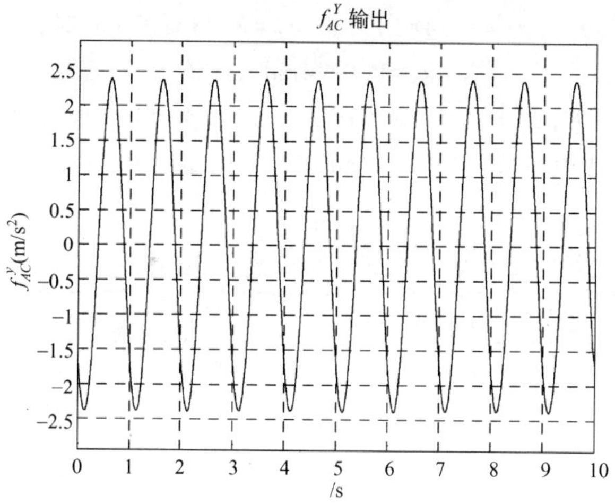

图 3.6 f_{AC}^{y} 曲线

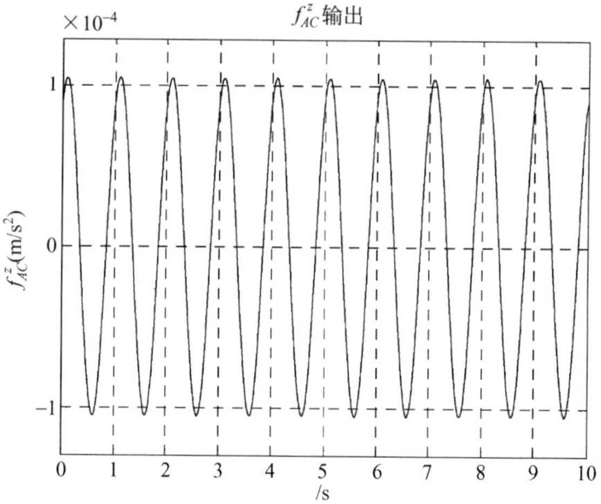

图 3.7 f_{AC}^{z} 曲线

下面根据前面所设置的仿真条件具体分析通过 A_x,A_y 解算 α,β 的精度,以及通过 A_z 解算 ψ 的精度。

在 $\alpha=10°$,$\beta=10°$,$\psi=30°$,$\Omega=2\pi\text{rad/s}$ 的条件下,$A_x=1.0812$,本文选择的加速度分辨力为 $5\times10^{-6}g$,可以令 $\sigma_{A_x}=5\times10^{-4}$,由式(3.1.31)可以计算得到

$$\sigma_\alpha=8.15\times10^{-5}\text{rad}=4.66\times10^{-3}=16.8''$$

$$\sigma_\beta=8.28\times10^{-5}\text{rad}=4.75\times10^{-3}=17.1''$$

当 $\alpha=10°$,$\beta=10$,$\psi=30°$时,$A_z=5.76\times10^{-5}\text{m/s}^2$,

$\sigma_{A_z}=2\times10^{-5}\text{m/s}^2$, $\sigma_\alpha=8.14\times10^{-5}\text{rad}$, $\sigma_\beta=8.28\times10^{-5}\text{rad}$ 时，

$$\sigma_\psi=0.0674\text{rad}=3.86°$$

同理，在 $\alpha=10°$, $\beta=10°$, $\psi=30°$ 条件下，选择不同的加速度计分辨力水平，选择不同的台体旋转角速度，可以计算得到相应的水平对准精度和方位对准精度。如表 3-1 所列。

表 3-1　初始对准精度与加速度计分辨力、台体旋转角速度关系比对

加速度计分辨力	台体旋转角速度/(rad/s)	σ_α/(″)	σ_β/(″)	σ_ψ/(°)
$5\times10^{-6}g$	2π	16.8	17.1	3.86
	20π	16.8	17.1	0.387
	200π	16.8	17.1	0.0394
$1\times10^{-6}g$	2π	3.36	3.42	0.772
	20π	3.36	3.42	0.078
	200π	3.36	3.42	0.0079

表 3-2 所列为加速度计分辨力为 $5\times10^{-6}g$，$\Omega=2\pi\text{rad/s}$ 的初始对准结果。对准持续时间 30s，即 30 个对准周期。图 3.8~图 3.10 所示为姿态角和方位角对准曲线。

表 3-2　初始对准结果($\Omega=2\pi\text{rad/s}$，加速度计分辨力为 $5\times10^{-6}g$)

项　目	均值/(°)	均方差/(°)
纵摇角(α)	10.00003	0.00038
横摇角(β)	9.9998	0.00041
方位角(ψ)	30.1108	0.758

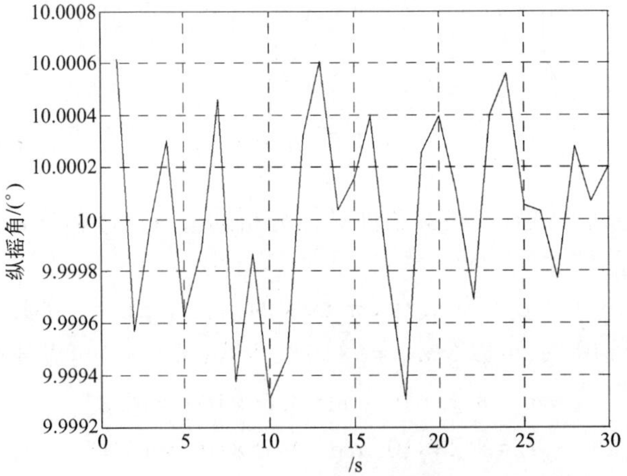

图 3.8　初始对准纵摇角曲线

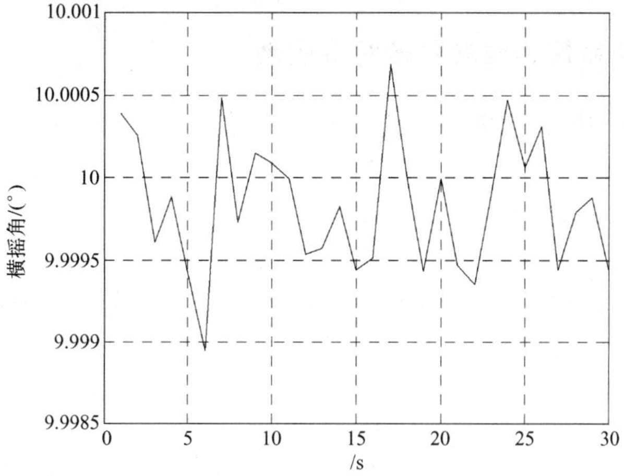

图 3.9　初始对准横摇角曲线

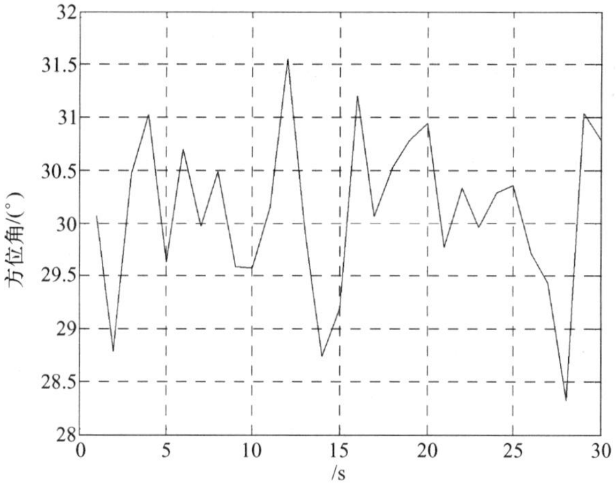

图 3.10　初始对准方位角曲线

3.2　外部信息辅助无陀螺惯导初始对准

非自主式对准方式也是捷联惯导进行初始对准的一种重要方式。3.1 节表明，无陀螺惯导可以采用单轴旋转的自主式对准方法实现初始对准。这种方式需要转台，需要精确控制转台转动角速度及精度，比较复杂。下面介绍一种外部信息辅助无陀螺惯导进行初始对准的方法。

3.2.1 外部信息辅助初始对准模型

利用 GPS 的速度信息和磁强计的测量信息辅助无陀螺惯导进行初始对准。

对于磁强计测量数据,有

$$\boldsymbol{m}^n=\boldsymbol{C}_b^n\boldsymbol{m}_{\text{sensed}}^b \tag{3.2.1}$$

式中:$\boldsymbol{m}^n$ 为当地地理坐标系下的磁场强度;$\boldsymbol{m}_{\text{sensed}}^b$ 为磁强计测量的载体坐标系的磁场强度。

对于加速度计测量数据,有

$$\boldsymbol{f}^n=\boldsymbol{C}_b^n\boldsymbol{f}_{\text{sensed}}^b \tag{3.2.2}$$

式中:$\boldsymbol{f}^n$ 为当地地理坐标系下的比力;$\boldsymbol{f}_{\text{sensed}}^b$ 为加速度计测量的载体坐标系的比力。

假设 $\boldsymbol{m}^n$、$\boldsymbol{f}^n$ 并不平行,因此可以利用它们的交叉乘积,获得第三个等式,即

$$\boldsymbol{m}^n\times\boldsymbol{f}^n=\boldsymbol{C}_b^n(\boldsymbol{m}_{\text{sensed}}^b\times\boldsymbol{f}_{\text{sensed}}^b) \tag{3.2.3}$$

由于地球磁场和重力场数据模型已经相当完善,式(3.2.1)、式(3.2.3)左边的 $\boldsymbol{m}^n$ 可以根据 GPS 的定位数据查询地球磁场数据库获得或者直接根据地球磁场模型计算获得,f^n 需要根据重力场数据和载体当时的运动情况决定,等式右侧数据为传感器测量数据。

由式(3.2.1)~式(3.2.3),得

$$[\boldsymbol{m}^n\mid\boldsymbol{f}^n\mid\boldsymbol{m}^n\times\boldsymbol{f}^n]=\boldsymbol{C}_b^n[\boldsymbol{m}_{\text{sensed}}^b\mid\boldsymbol{f}_{\text{sensed}}^b\mid\boldsymbol{m}_{\text{sensed}}^b\times\boldsymbol{f}_{\text{sensed}}^b] \tag{3.2.4}$$

根据式(3.2.4),考虑到 $\boldsymbol{C}_b^n$ 为正交矩阵,得

$$\boldsymbol{C}_b^n=[\boldsymbol{m}^n\mid\boldsymbol{f}^n\mid\boldsymbol{m}^n\times\boldsymbol{f}^n]^{-\mathrm{T}}[\boldsymbol{m}_{\text{sensed}}^b\mid\boldsymbol{f}_{\text{sensed}}^b\mid\boldsymbol{m}_{\text{sensed}}^b\times\boldsymbol{f}_{\text{sensed}}^b]^{\mathrm{T}} \tag{3.2.5}$$

下面的问题关键在于如何确定 $\boldsymbol{f}^n$。

根据科里奥利加速度定理,可以确定地理坐标系上比力与地理坐标系上的加速度以及重力加速度之间的关系,有

$$\dot{\boldsymbol{v}}^n=\boldsymbol{f}^n-(\boldsymbol{\omega}_{e/n}^n+2\boldsymbol{\omega}_{i/e}^n)\times\boldsymbol{v}^n+\boldsymbol{g}^n \tag{3.2.6}$$

式中:$\boldsymbol{\omega}_{e/n}^n$ 为地理坐标系的转动角速度;$\boldsymbol{\omega}_{i/e}^n$ 为地球自转角速度在地理系上的投影。

对于运动速度较小的载体,$(\boldsymbol{\omega}_{e/n}^n+2\boldsymbol{\omega}_{i/e}^n)\times\boldsymbol{v}^n$ 可以忽略不计。因此,有

$$\boldsymbol{f}^n=\dot{\boldsymbol{v}}^n-\boldsymbol{g}^n \tag{3.2.7}$$

至于 $\dot{\boldsymbol{v}}^n$,可以通过对 GPS 测量的速度信息进行差分获得,即

$$\dot{\boldsymbol{v}}^n=\frac{\boldsymbol{v}_{\text{GPS}_t}^n-\boldsymbol{v}_{\text{GPS}_{t-\Delta t}}^n}{\Delta t} \tag{3.2.8}$$

这样，在已知 $\boldsymbol{m}^n$，$\boldsymbol{f}^n$，$\boldsymbol{m}^b_{\text{sensed}}$，$\boldsymbol{f}^b_{\text{sensed}}$ 的情况下，可以通过式(3.2.5)计算得到载体坐标系到地理坐标系的方向余弦矩阵，从而完成初始对准。

3.2.2 仿真

仿真条件：初始位置的经度为 $\lambda = 114.24°$，纬度 $\varphi = 30.58°$。假设载体东向、北向和垂向速度分别为 5m/s，5m/s，0.5m/s；载体初始姿态为 $\alpha = 10°$，$\beta = 10°$，$\psi = 30°$。载体保持姿态不变做匀速直线运动。

加速度计分辨力为 $5\times10^{-6}g$，磁强计相对测量精度为 2%，GPS 速度测量误差为 0.05m/s。仿真持续时间为 30s。表 33 所列为纵摇角、横摇角、方位角解算结果。图 3.11～图 3.13 所示为纵摇角、横摇角、方位角解算曲线。

表 3-3　外部信息辅助初始对准结果

项　目	均值/(°)	均方差/(°)
纵　摇	9.9998	0.0026
横　摇	10.0002	0.0033
方　位	30.002	0.12

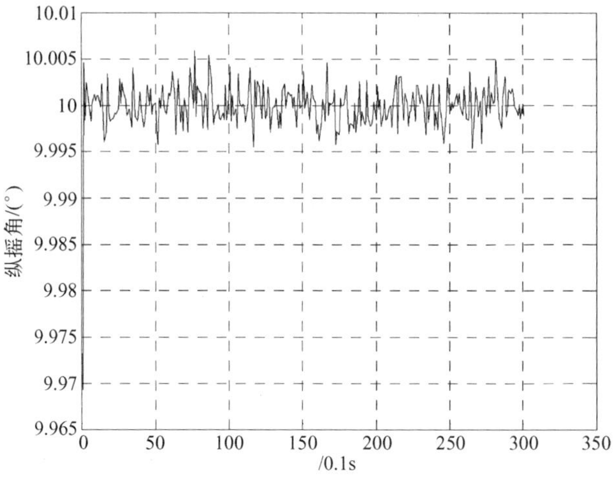

图 3.11　纵摇角曲线

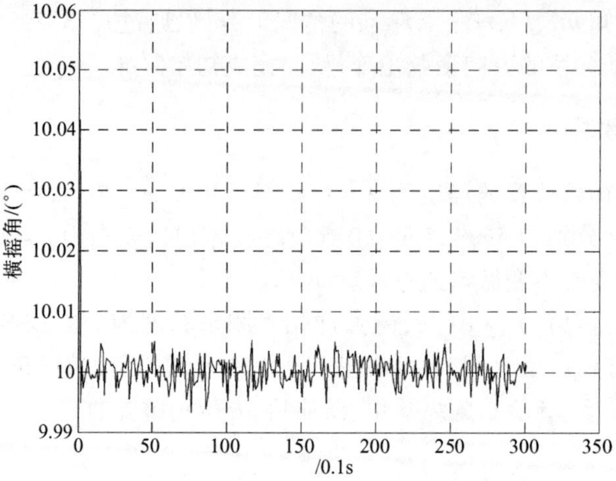

图 3.12　横摇角曲线

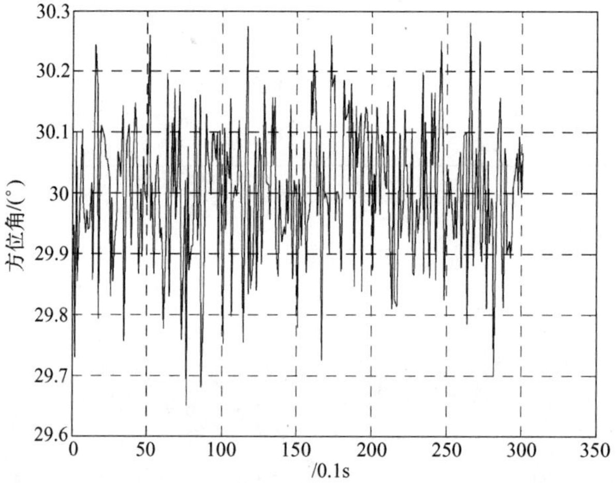

图 3.13　方位角曲线

第 4 章　无陀螺惯导姿态解算

捷联惯导系统常用的姿态解算算法包括欧拉角法、方向余弦法以及四元数法。欧拉角法通过解欧拉角方程直接计算航向角与姿态角。欧拉角微分方程关系简单明了,概念直观,容易理解,解算过程中无需作正交化处理,但微分方程中包含三角运算,解算复杂,解算精度与解算时间之间难以平衡,实时性计算较困难。方向余弦法与四元数法对应的微分方程形式一致,其区别在于对两个坐标系之间的旋转关系的数学表示方式不同,方向余弦法采用三维矩阵形式表示,因此方向余弦矩阵的更新计算中包含 9 个未知数,四元数法采用四元数表示,因此四元数法更新计算中只包含 4 个未知数。另外,还有更为重要的一点是,二者都是通过泊松方程解算方向余弦矩阵或者四元数,但是四元数泊松方程的解自动保证其正交特性,而方向余弦矩阵泊松方程则不能够保证正交化,因此方向余弦法还需要对解进行正交化处理。基于以上两点,四元数法相对方向余弦法具有计算量少、计算速度较快、计算误差较小的优点。因此在捷联惯导的姿态解算中,一般采用四元数法。

无陀螺惯导不同于捷联惯导的地方在于角速度的解算方式不一样,造成角速度的解算精度不同,目前而言,无陀螺惯导的角速度解算精度难以达到捷联惯导的水平,因此提高姿态解算算法本身的精度,降低解算误差对于无陀螺惯导而言尤其必要。

4.1　方向余弦法

方向余弦矩阵$\boldsymbol{C}_a^b$ 是一个 3×3 阶的矩阵,其分量形式如下:

$$\boldsymbol{C}_a^b=\begin{bmatrix} c_{11} & c_{12} & c_{13} \\ c_{21} & c_{22} & c_{23} \\ c_{31} & c_{32} & c_{33} \end{bmatrix} \tag{4.1.1}$$

其中,第 i 行、第 j 列的元素 c_{ij}表示 b 系的 i 轴和 a 系的 j 轴夹角的余弦。某矢量在 a 系中的投影 $\boldsymbol{r}^a$ 和在 b 系中的投影 $\boldsymbol{r}^b$ 满足以下坐标转换关系:

$$\boldsymbol{r}^b=\boldsymbol{C}_a^b\,\boldsymbol{r}^a \tag{4.1.2}$$

方向余弦矩阵的微分形式为

$$\dot{\boldsymbol{C}}_a^b=\lim_{\delta t\to 0}\frac{\delta \boldsymbol{C}_a^b}{\delta t}=\lim_{\delta t\to 0}\frac{\boldsymbol{C}_a^b(t+\delta t)-\boldsymbol{C}_a^b(t)}{\delta t} \tag{4.1.3}$$

式中：$\boldsymbol{C}_a^b(t+\delta t)$和$\boldsymbol{C}_a^b(t)$分别为$t+\delta t$时刻和$t$时刻的方向余弦矩阵。$\boldsymbol{C}_a^b(t+\delta t)$可以写成如下两个矩阵的乘积形式，即

$$\boldsymbol{C}_a^b(t+\delta t)=\boldsymbol{C}_a^b(t)\boldsymbol{A}(t) \tag{4.1.4}$$

若$\boldsymbol{C}_a^b$表示载体坐标系b到导航系n系的变换方向余弦矩阵$\boldsymbol{C}_b^n$，式(4.1.4)中$\boldsymbol{A}(t)$可表示为

$$\begin{aligned}\boldsymbol{A}(t)&=[\boldsymbol{I}+\delta\boldsymbol{\psi}]\\&=\begin{bmatrix}1&-\delta\psi&\delta\theta\\\delta\psi&1&-\delta\phi\\\delta\theta&\delta\phi&1\end{bmatrix}\end{aligned} \tag{4.1.5}$$

式中：$\delta\psi,\delta\theta,\delta\phi$分别为$b$系绕其航向轴、纵摇轴和横摇轴在$\delta t$时间间隔内转动的小角度。因此式(4.1.3)可改写为

$$\dot{\boldsymbol{C}}_b^n=\boldsymbol{C}_b^n\lim_{\delta t\to 0}\frac{\delta\boldsymbol{\psi}}{\delta t} \tag{4.1.6}$$

当δt较小时，$\delta\boldsymbol{\psi}/\delta t$是角速度$\boldsymbol{\omega}_{nb}^b=[\omega_x\quad\omega_y\quad\omega_z]^{\mathrm{T}}$的斜对称形式，表示$b$系相对于$n$系的转动角速率在$b$系中的投影，即

$$\lim_{\delta t\to 0}\frac{\delta\boldsymbol{\psi}}{\delta t}=\begin{bmatrix}0&-\omega_z&\omega_y\\\omega_z&0&-\omega_x\\-\omega_y&\omega_x&0\end{bmatrix}=\boldsymbol{\Omega}_{nb}^b \tag{4.1.7}$$

将式(4.1.7)代入式(4.1.6)，得

$$\dot{\boldsymbol{C}}_b^n=\boldsymbol{C}_b^n\boldsymbol{\Omega}_{nb}^b \tag{4.1.8}$$

式(4.1.8)即为采用方向余弦矩阵描述的捷联姿态基本微分方程。

4.2 欧拉角法

通过绕不同坐标轴的3次连续转动，也可以描述一个坐标系到另一个坐标系之间的变换。从a坐标系到b坐标系的变换可以表示如下：

(1) 首先，绕a系的z轴转动ψ角得到a_1系；

(2) 然后，绕a_1坐标系的y轴转动θ角，得到a_2系；

(3) 最后，绕a_2系的x轴转动ϕ角，从而得到b系。

式中：ψ,θ,ϕ为欧拉转动角。

3次转动可以用3个独立的方向余弦矩阵表述，定义为

绕 z 轴转动 ψ 角，有

$$C_1=\begin{bmatrix}\cos\psi & \sin\psi & 0\\ -\sin\psi & \cos\psi & 0\\ 0 & 0 & 1\end{bmatrix} \tag{4.2.1}$$

绕 y 轴转动 θ 角，有

$$C_2=\begin{bmatrix}\cos\theta & 0 & -\sin\theta\\ 0 & 1 & 0\\ \sin\theta & 0 & \cos\theta\end{bmatrix} \tag{4.2.2}$$

绕 x 轴转动 ϕ 角，有

$$C_3=\begin{bmatrix}1 & 0 & 0\\ 0 & \cos\phi & \sin\phi\\ 0 & -\sin\phi & \cos\phi\end{bmatrix} \tag{4.2.3}$$

因此，a 系到 b 系的变换可由这 3 个独立的变换的乘积表示，即

$$C_a^b=C_3\,C_2\,C_1 \tag{4.2.4}$$

若取参考系为导航系 n 系，经 3 次转动到了载体坐标系 b 系，于是有以下级联表达式：

$$\begin{aligned}C_b^n &= C_1^{\mathrm{T}}\,C_2^{\mathrm{T}}\,C_3^{\mathrm{T}}\\ &=\begin{bmatrix}\cos\psi & -\sin\psi & 0\\ \sin\psi & \cos\psi & 0\\ 0 & 0 & 1\end{bmatrix}\begin{bmatrix}\cos\theta & 0 & \sin\theta\\ 0 & 1 & 0\\ -\sin\theta & 0 & \cos\theta\end{bmatrix}\begin{bmatrix}1 & 0 & 0\\ 0 & \cos\phi & -\sin\phi\\ 0 & \sin\phi & \cos\phi\end{bmatrix}\\ &=\begin{bmatrix}\cos\theta\cos\psi & -\cos\phi\sin\psi+\sin\phi\sin\theta\cos\psi & \sin\phi\sin\psi+\cos\phi\sin\theta\cos\psi\\ \cos\theta\sin\psi & \cos\phi\cos\psi+\sin\phi\sin\theta\sin\psi & -\sin\phi\cos\psi+\cos\phi\sin\theta\sin\psi\\ -\sin\theta & \sin\phi\cos\theta & \cos\phi\cos\theta\end{bmatrix}\end{aligned} \tag{4.2.5}$$

若 ψ、θ 和 ϕ 均为小角度时，则式(4.2.5)可近似为

$$C_b^n=\begin{bmatrix}1 & -\psi & \theta\\ \psi & 1 & -\phi\\ -\theta & \phi & 1\end{bmatrix} \tag{4.2.6}$$

根据欧拉转动角转动方法，则载体角速率 $\omega_x^b,\omega_y^b,\omega_z^b$ 满足以下关系式：

$$\begin{bmatrix}\omega_x^b\\ \omega_y^b\\ \omega_z^b\end{bmatrix}=\begin{bmatrix}\dot{\phi}\\ 0\\ 0\end{bmatrix}+C_3\begin{bmatrix}0\\ \dot{\theta}\\ 0\end{bmatrix}+C_3C_2\begin{bmatrix}0\\ 0\\ \dot{\psi}\end{bmatrix} \tag{4.2.7}$$

将式(4.2.1)～式(4.2.3)代入式(4.2.7)，得

$$
\begin{cases}
\dot{\phi} = (\omega_{by}^{b}\sin\phi + \omega_{bz}^{b}\cos\phi)\tan\theta + \omega_{bx}^{b} \\
\dot{\theta} = \omega_{by}^{b}\cos\phi - \omega_{bz}^{b}\sin\phi \\
\dot{\psi} = (\omega_{by}^{b}\sin\phi + \omega_{bz}^{b}\cos\phi)\sec\theta
\end{cases}
\tag{4.2.8}
$$

式(4.2.8)即为采用欧拉角描述的捷联姿态解算基本方程。由于在 $\theta=\pm90^\circ$ 时会出现奇点,从而无法确定 $\dot{\phi}$ 和 $\dot{\psi}$,所以欧拉角法的应用受到了一定的限制。

4.3 四元数法

4.3.1 旋转矢量与四元数

在描述两个坐标系之间的位置关系时,欧拉角法采用 3 个欧拉角,通过 3 次分别绕 OZ,OX',OY''轴旋转相应的欧拉角后实现两个坐标系之间的位置重合。也就是说,通过 3 个欧拉角,3 次旋转确定了两个坐标系之间的位置关系。

相对欧拉角法,可以考虑将 3 次旋转通过绕一个旋转轴旋转一次完成。这就是旋转矢量法。定义旋转矢量为旋转轴方向,旋转矢量的模等于以弧度为单位的一次旋转的角度。

$$
\boldsymbol{\Phi} = \begin{bmatrix} \Phi_x \\ \Phi_y \\ \Phi_z \end{bmatrix} = |\boldsymbol{\Phi}| \begin{bmatrix} \cos\alpha \\ \cos\beta \\ \cos\gamma \end{bmatrix}
\tag{4.3.1}
$$

式中:$|\boldsymbol{\Phi}|$ 为旋转矢量的模;α,β,γ 为旋转轴与坐标系的夹角。

从相关文献可以知道:

$$
\dot{\boldsymbol{\Phi}} = \boldsymbol{\omega} + \frac{1}{2}\boldsymbol{\Phi}\times\boldsymbol{\omega} + \frac{1}{|\boldsymbol{\Phi}|^2}\left(1 - \frac{|\boldsymbol{\Phi}|\sin|\boldsymbol{\Phi}|}{2(1-\cos|\boldsymbol{\Phi}|)}\right)\boldsymbol{\Phi}\times(\boldsymbol{\Phi}\times\boldsymbol{\omega})
\tag{4.3.2}
$$

式中:ω 为坐标系之间的旋转角速度。

对于小角度 $|\boldsymbol{\Phi}|$,式(4.3.2)可以写为

$$
\dot{\boldsymbol{\Phi}} = \boldsymbol{\omega} + \frac{1}{2}\boldsymbol{\Phi}\times\boldsymbol{\omega} + \frac{1}{12}(\boldsymbol{\Phi}\times(\boldsymbol{\Phi}\times\boldsymbol{\omega}))
\tag{4.3.3}
$$

定义哈密顿四元数:

$$
\boldsymbol{Q} = q_0 + q_1\boldsymbol{i} + q_2\boldsymbol{j} + q_3\boldsymbol{k}
$$

式中:q_0,q_1,q_2,q_3 为实数;$\{1,\boldsymbol{i},\boldsymbol{j},\boldsymbol{k}\}$ 为四元数状态空间;i,j,k 为相互正交的单位矢量,为虚单位。

i,j,k 具有以下性质:

$$\boldsymbol{i}\otimes\boldsymbol{i}=-1,\boldsymbol{j}\otimes\boldsymbol{j}=-1,\boldsymbol{k}\otimes\boldsymbol{k}=-1$$
$$\boldsymbol{i}\otimes\boldsymbol{j}=\boldsymbol{k},\boldsymbol{j}\otimes\boldsymbol{k}=\boldsymbol{i},\boldsymbol{k}\otimes\boldsymbol{i}=\boldsymbol{j}$$
$$\boldsymbol{j}\otimes\boldsymbol{i}=-\boldsymbol{k},\boldsymbol{k}\otimes\boldsymbol{j}=-\boldsymbol{i},\boldsymbol{i}\otimes\boldsymbol{k}=-\boldsymbol{j}$$

将四元数与旋转矢量对应起来，q_1,q_2,q_3 定义为空间中的矢量，q_0 定义为绕矢量旋转的角度大小。在这种思想下，四元数可以描述为

$$\begin{aligned} q_0&=\cos\frac{\mu}{2}\\ q_1&=\sin\frac{\mu}{2}\cos\alpha\\ q_2&=\sin\frac{\mu}{2}\cos\beta\\ q_3&=\sin\frac{\mu}{2}\cos\gamma \end{aligned}\tag{4.3.4}$$

式中：μ 为旋转角度大小；α,β,γ 为旋转轴与坐标系 3 个坐标轴之间的夹角。

从式(4.3.1)、式(4.3.4)可以发现，四元数可以用来表示旋转矢量，即四元数与旋转矢量存在一一对应关系。

$$\begin{aligned} q_0&=\cos\frac{|\boldsymbol{\Phi}|}{2}\\ q_1&=\frac{\Phi_x}{|\boldsymbol{\Phi}|}\sin\frac{|\boldsymbol{\Phi}|}{2}\\ q_2&=\frac{\Phi_y}{|\boldsymbol{\Phi}|}\sin\frac{|\boldsymbol{\Phi}|}{2}\\ q_3&=\frac{\Phi_z}{|\boldsymbol{\Phi}|}\sin\frac{|\boldsymbol{\Phi}|}{2} \end{aligned}\tag{4.3.5}$$

式(4.3.5)表明，可以采用四元数表示两个坐标系之间的位置关系。为了进一步使用四元数，下面给出四元数的一些代数性质。

(1) 四元数的模为 1：$N(\boldsymbol{Q})=q_0^2+q_1^2+q_2^2+q_3^2$。

(2) 加法：

$$\begin{aligned}\boldsymbol{Q}+\boldsymbol{S}&=(q_0+q_1\boldsymbol{i}+q_2\boldsymbol{j}+q_3\boldsymbol{k})+(s_0+s_1\boldsymbol{i}+s_2\boldsymbol{j}+s_3\boldsymbol{k})\\ &=(q_0+s_0)+(q_1+s_1)\boldsymbol{i}+(q_2+s_2)\boldsymbol{j}+(q_3+s_3)\boldsymbol{k}\end{aligned}$$

(3) 减法：

$$-\boldsymbol{Q}=(-1)\boldsymbol{Q}$$

$$\begin{aligned}\boldsymbol{Q}-\boldsymbol{S}&=\boldsymbol{Q}+(-1)\boldsymbol{S}=(q_0+q_1\boldsymbol{i}+q_2\boldsymbol{j}+q_3\boldsymbol{k})+(-s_0-s_1\boldsymbol{i}-s_2\boldsymbol{j}-s_3\boldsymbol{k})\\ &=(q_0-s_0)+(q_1-s_1)\boldsymbol{i}+(q_2-s_2)\boldsymbol{j}+(q_3-s_3)\boldsymbol{k}\end{aligned}$$

(4) 乘法:

$$\boldsymbol{QS}=(q_0+q_1\boldsymbol{i}+q_2\boldsymbol{j}+q_3\boldsymbol{k})(s_0+s_1\boldsymbol{i}+s_2\boldsymbol{j}+s_3\boldsymbol{k})$$
$$=(q_0s_0-q_1s_1-q_2s_2-q_3s_3)+(q_0s_1+q_1s_0+q_2s_3-q_3s_2)\boldsymbol{i}+$$
$$(q_0s_2-q_1s_3+q_2s_0+q_3s_1)\boldsymbol{j}+(q_0s_3+q_1s_2-q_2s_1+q_3s_0)\boldsymbol{k}$$

通常情况下,两个四元数相乘不具交换性质。即:

$$\boldsymbol{QS}\neq\boldsymbol{SQ}$$

λ 为标量,则

$$\lambda\boldsymbol{Q}=\lambda q_0+\lambda q_1\boldsymbol{i}+\lambda q_2\boldsymbol{j}+\lambda q_3\boldsymbol{k}$$

(5) 共轭:

四元数 $\boldsymbol{Q}$ 的共轭四元数定义为

$$\boldsymbol{Q}^*=q_0-q_1\boldsymbol{i}-q_2\boldsymbol{j}-q_3\boldsymbol{k}$$

四元数的模定义为

$$N(\boldsymbol{Q})=\boldsymbol{QQ}^*=\boldsymbol{Q}^*\boldsymbol{Q}=q_0^2+q_1^2+q_2^2+q_3^2$$

(6) 逆四元数:

如果 $\boldsymbol{Q}$ 不为 0,则 $\boldsymbol{Q}$ 的逆四元数 $\boldsymbol{Q}^{-1}$ 定义为

$$\boldsymbol{QQ}^{-1}=\boldsymbol{Q}^{-1}\boldsymbol{Q}=1$$

根据四元数的模的定义,得

$$\boldsymbol{Q}^{-1}=\boldsymbol{Q}^*/N(\boldsymbol{Q})$$

(7) 0 四元数和单位四元数:

四元数 $\boldsymbol{Q}$ 为 0,当且仅当:$q_0=q_1=q_2=q_3=0$,即

$$0=0+0\boldsymbol{i}+0\boldsymbol{j}+0\boldsymbol{k}$$

四元数 $\boldsymbol{Q}$ 为单位四元数,当且仅当:$q_0^2+q_1^2+q_2^2+q_3^2=1$。其中:

$$1=1+0\boldsymbol{i}+0\boldsymbol{j}+0\boldsymbol{k}$$

(8) 相等:

如果 $\boldsymbol{Q}=\boldsymbol{S}$,当且仅当:$q_0=s_0,q_1=s_1,q_2=s_2,q_3=s_3$。

从以上关于四元数的定义和四元数的代数性质可以发现,一个单位四元数可以定义为将惯性系中的矢量 $\boldsymbol{R}^i$ 转换到载体坐标系中的矢量 $\boldsymbol{R}^b$ 的算子,即

$$\boldsymbol{R}^i=\boldsymbol{QR}^b\boldsymbol{Q}^*$$
$$N(\boldsymbol{Q})=1 \tag{4.3.6}$$

考虑实矢量空间 $\boldsymbol{R}^3$ 中的矢量 $\boldsymbol{x}=x_1\boldsymbol{i}+x_2\boldsymbol{j}+x_3\boldsymbol{k}$,其中$\{i,j,k\}$为矢量空间的一组正交基。则 $\boldsymbol{x}$ 可以表示为标量为 0 的一个四元数,即 $\boldsymbol{x}=0+x_1\boldsymbol{i}+x_2\boldsymbol{j}+x_3\boldsymbol{k}$。

类似地,四元数可以表示为一个标量和一个矢量的和,即

$$\boldsymbol{Q}=q_0+\boldsymbol{q}$$

图 4.1 所示为四元数的空间表示。

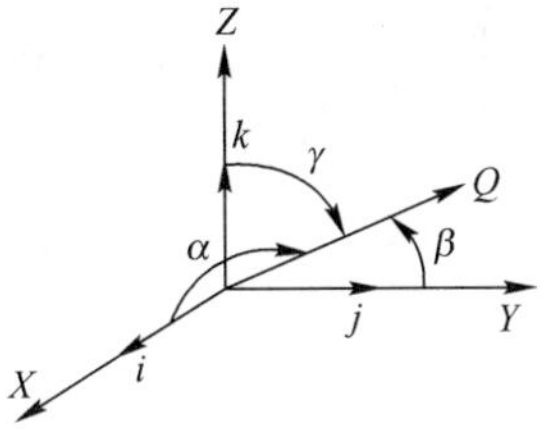

图 4.1　四元数的空间表示

4.3.2　四元数与方向余弦矩阵

如图 4.2 所示两个坐标系。

其中(X,Y,Z)在空间中固定不动，(X',Y',Z')为任意运动的坐标系。两个坐标系的坐标原点重合。根据欧拉定理，坐标系(X',Y',Z')可以通过绕固定轴旋转角度μ与坐标系(X,Y,Z)重合。该固定轴与(X,Y,Z)中各轴的夹角分别为α,β,γ。需要说明的是，该固定轴与(X',Y',Z')中各轴的夹角分别也为α,β,γ。

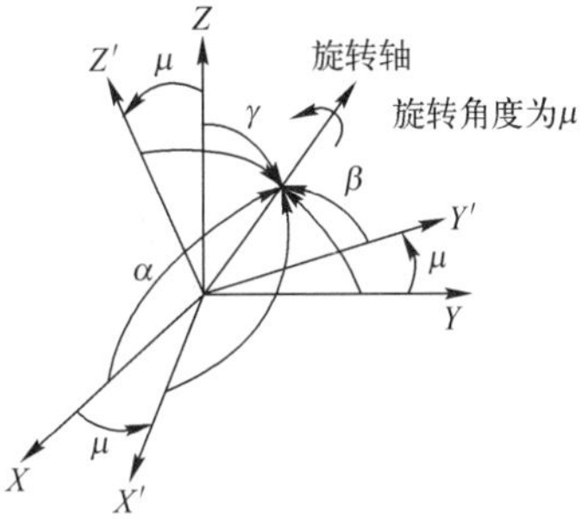

图 4.2　将 XYZ 坐标系旋转到 X'Y'Z'的旋转轴矢量

因此可以使用四元数表示矢量 $\boldsymbol{R}$ 从载体坐标系到惯性坐标系的坐标转换关系。

$$\begin{aligned}\boldsymbol{R}_i &= \boldsymbol{Q}\cdot\boldsymbol{R}_b\cdot\boldsymbol{Q}^* \\ &= (q_0+q_1\boldsymbol{i}+q_2\boldsymbol{j}+q_3\boldsymbol{k})(r_x^b\boldsymbol{i}+r_y^b\boldsymbol{j}+r_z^b\boldsymbol{k})(q_0-q_1\boldsymbol{i}-q_2\boldsymbol{j}-q_3\boldsymbol{k})\end{aligned} \tag{4.3.7}$$

采用方向余弦矩阵表示矢量 $\boldsymbol{R}$ 从载体坐标系到惯性坐标系的坐标转换关系，可以得到：

$$\begin{bmatrix} r_x^i \\ r_y^i \\ r_z^i \end{bmatrix} = \boldsymbol{C}_b^i \begin{bmatrix} r_x^b \\ r_y^b \\ r_z^b \end{bmatrix} \tag{4.3.8}$$

由式(4.3.7)和式(4.3.8)，根据四元数的性质，可以得到方向余弦矩阵与四元数之间的转换关系为

$$\boldsymbol{C}_b^i = \begin{bmatrix} q_0^2+q_1^2-q_2^2-q_3^2 & 2(q_1q_2-q_3q_0) & 2(q_1q_3+q_0q_2) \\ 2(q_1q_2+q_0q_3) & q_0^2-q_1^2+q_2^2-q_3^2 & 2(q_2q_3-q_0q_1) \\ 2(q_1q_3-q_0q_2) & 2(q_2q_3+q_0q_1) & q_0^2-q_1^2-q_2^2+q_3^2 \end{bmatrix} \tag{4.3.9}$$

四元数也可以表示为矩阵的形式。

$$
\boldsymbol{Q}=\begin{bmatrix} q_0 & q_1 & q_2 & q_3 \\ -q_1 & q_0 & -q_3 & q_2 \\ -q_2 & q_3 & q_0 & -q_1 \\ -q_3 & -q_2 & q_1 & q_0 \end{bmatrix}
$$

基于四元数的泊松方程具有如下形式：

$$
\dot{\boldsymbol{Q}}=\frac{1}{2}\boldsymbol{Q}\cdot\boldsymbol{\omega} \tag{4.3.10}
$$

式(4.3.10)的迭代解为

$$
\begin{aligned}
\boldsymbol{Q}_{k+1} &= \boldsymbol{Q}_k+\frac{1}{2}\boldsymbol{Q}_k\omega T \\
&= \boldsymbol{Q}_k\left(1+\frac{1}{2}\boldsymbol{\omega}T\right)=\boldsymbol{Q}_k\Delta\boldsymbol{Q}
\end{aligned} \tag{4.3.11}
$$

式中：T 为采样周期；$\Delta\boldsymbol{Q}=1+\frac{1}{2}\boldsymbol{\omega}T$ 为更新四元数（小角度旋转）。

4.4 基于四元数的姿态解算算法

4.4.1 姿态解算算法设计

无陀螺惯导惯性元件的输出全部为加速度计输出，导航系选择为当地地理坐标系。一般而言，载体坐标系相对当地地理坐标系的旋转变换较快，地理坐标系相对惯性系的变换较慢。考虑到这一点，在设计无陀螺惯导的四元数姿态解算算法时，通常分为两步。

（1）计算当前载体坐标系相对上一时刻当地地理坐标系的更新四元数。也就是说在一个采样周期内，可以将当地地理坐标系看作惯性系。此时，载体坐标系到当地地理坐标系的坐标转换关系可以采用如下四元数公式进行表达。

$$
\boldsymbol{Q}_{n+1}^{p}=\boldsymbol{Q}_{n}^{f}\Delta\boldsymbol{\lambda} \tag{4.4.1}
$$

式中：$\boldsymbol{Q}_n^f$ 为上一时刻的更新四元数；$\boldsymbol{Q}_{n+1}^p$ 为预备四元数。

$$
\Delta\boldsymbol{\lambda}=\Delta\lambda_0+\Delta\lambda_1\boldsymbol{i}+\Delta\lambda_2\boldsymbol{j}+\Delta\lambda_3\boldsymbol{k}
$$

$\Delta\boldsymbol{\lambda}$ 为小角度情况下的更新四元数：

$$
\Delta\lambda_0=\cos\frac{|\Delta\boldsymbol{\Phi}|}{2}
$$

$$
\Delta\lambda_1=\frac{\Delta\Phi_{xb}}{|\Delta\boldsymbol{\Phi}|}\sin\frac{|\Delta\boldsymbol{\Phi}|}{2}
$$

$$\Delta\lambda_2 = \frac{\Delta\Phi_{yb}}{|\Delta\boldsymbol{\Phi}|}\sin\frac{|\Delta\boldsymbol{\Phi}|}{2}$$

$$\Delta\lambda_3 = \frac{\Delta\Phi_{zb}}{|\Delta\boldsymbol{\Phi}|}\sin\frac{|\Delta\boldsymbol{\Phi}|}{2}$$

式中:$\Delta\boldsymbol{\Phi}$ 为载体坐标系相对惯性系(上一时刻的当地地理坐标系)转动的角度矢量。

(2) 对第一步计算的四元数进行修正。这一步的修正是为了修正当地地理坐标系旋转引起的坐标转换。可以认为是计算惯性系(即上一时刻的地理坐标系)到当前时刻的地理坐标系的更新四元数。

$$Q_{n+1}^{f} = \Delta\boldsymbol{m}^{*} \cdot Q_{n+1}^{P} \tag{4.4.2}$$

式中

$$\Delta\boldsymbol{m}^{*} = \Delta m_0 - \Delta m_1\boldsymbol{i} - \Delta m_2\boldsymbol{j} - \Delta m_3\boldsymbol{k}$$

$\Delta\boldsymbol{m}^{*}$ 为惯性系与当地地理坐标系之间的小角度旋转四元数。$\Delta\boldsymbol{m}^{*}$ 也可以通过旋转矢量计算得到。小角度旋转矢量的计算参见式(4.3.3)。

$$\Delta\boldsymbol{m}^{*} = \cos\frac{|\boldsymbol{\omega}h_{N3}|}{2} - \frac{\omega_x}{|\boldsymbol{\omega}|}\sin\frac{|\boldsymbol{\omega}h_{N3}|}{2}\boldsymbol{i} - \frac{\omega_y}{|\boldsymbol{\omega}|}\sin\frac{|\boldsymbol{\omega}h_{N3}|}{2}\boldsymbol{j} - \frac{\omega_z}{|\boldsymbol{\omega}|}\sin\frac{|\boldsymbol{\omega}h_{N3}|}{2}\boldsymbol{k} \tag{4.4.3}$$

式中

$\boldsymbol{\omega} = [\omega_x \quad \omega_y \quad \omega_z]^{\mathrm{T}}$ 为当地地理坐标系相对惯性空间的旋转角速度在自身坐标轴上的投影;h_{N3} 为采样间隔。

基于四元数的无陀螺惯导姿态更新两步过程如图 4.3 所示。

$$Q_{n+1}^{P} = Q_n^{f}\Delta\lambda$$

$$Q_{n+1}^{f} = \Delta m^{*} Q_{n+1}^{P}$$

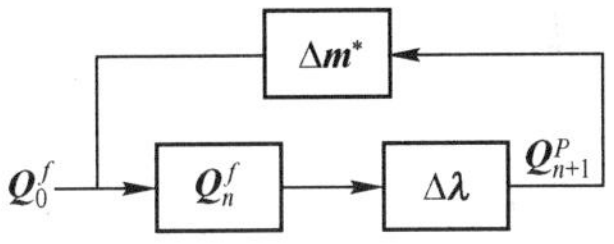

图 4.3 姿态更新流程

将姿态更新四元数的计算过程分为两步,考虑的原因有以下几点:

(1) 载体坐标系相对于惯性系(上一时刻的地理坐标系)的运动速度较快,在计算姿态更新四元数的旋转矢量 $\Delta\boldsymbol{\Phi}$ 时,要求更高的更新率,以保证 $|\Delta\boldsymbol{\Phi}|$ 的小角度,否则难以保证姿态更新的精度。

(2) 当地地理坐标系相对惯性系(上一时刻的地理坐标系)的旋转运动为慢速运动,因此其姿态四元数的更新频率可以更低。

(3)分为两步解算,每步都具有清楚的物理解释。第一步可以看作是对稳定平台(未加控制)的模拟;第二步则可以看作对数字稳定平台施加控制信号跟踪当地地理坐标系。两步完成载体坐标系到当地地理系的姿态解算。

根据四元数的乘法性质,式(4.4.1),式(4.4.2)可以重写为矩阵形式的表达式,即

$$\begin{bmatrix} q_0^P \\ q_1^P \\ q_2^P \\ q_3^P \end{bmatrix}_{n+1} = \begin{bmatrix} \Delta\lambda_0 & -\Delta\lambda_1 & -\Delta\lambda_2 & -\Delta\lambda_3 \\ \Delta\lambda_1 & \Delta\lambda_0 & \Delta\lambda_3 & -\Delta\lambda_2 \\ \Delta\lambda_2 & -\Delta\lambda_3 & \Delta\lambda_0 & \Delta\lambda_1 \\ \Delta\lambda_3 & \Delta\lambda_2 & -\Delta\lambda_1 & \Delta\lambda_0 \end{bmatrix} \begin{bmatrix} q_0^f \\ q_1^f \\ q_2^f \\ q_3^f \end{bmatrix}_n \tag{4.4.4}$$

$$\begin{bmatrix} q_0^f \\ q_1^f \\ q_2^f \\ q_3^f \end{bmatrix}_{n+1} = \begin{bmatrix} q_0^P & -q_1^P & -q_2^P & -q_3^P \\ q_1^P & q_0^P & q_3^P & -q_2^P \\ q_2^P & -q_3^P & q_0^P & q_1^P \\ q_3^P & q_2^P & -q_1^P & q_0^P \end{bmatrix}_{n+1} \begin{bmatrix} \Delta m_0^* \\ \Delta m_1^* \\ \Delta m_2^* \\ \Delta m_3^* \end{bmatrix} \tag{4.4.5}$$

4.4.2 旋转矢量求解

4.4.1 节介绍了基于四元数的姿态更新的两步法。这一节主要介绍旋转矢量 $\Delta\boldsymbol{\Phi}$,$\Delta\boldsymbol{m}^*$ 的计算。

重写 $\boldsymbol{\Phi}$ 的计算式:

$$\dot{\boldsymbol{\Phi}}=\boldsymbol{\omega}+\frac{1}{2}\boldsymbol{\Phi}\times\boldsymbol{\omega}+\frac{1}{12}(\boldsymbol{\Phi}\times(\boldsymbol{\Phi}\times\boldsymbol{\omega}))$$

当 $|\boldsymbol{\Phi}|$ 为小角度时,上式可以采用近似式计算。

$$\dot{\boldsymbol{\Phi}}=\boldsymbol{\omega}+\frac{1}{2}\boldsymbol{\Phi}\times\boldsymbol{\omega}$$

对上式两边进行积分,得

$$\Delta\boldsymbol{\Phi} = \int_{t_n}^{t_n+h_{N3}} \boldsymbol{\omega}\mathrm{d}t + \frac{1}{2}\int_{t_n}^{t_n+h_{N3}} (\boldsymbol{\Phi}\times\boldsymbol{\omega})\,\mathrm{d}t \tag{4.4.6}$$

从式(4.4.6)可以发现,一般情况下,$\dot{\boldsymbol{\Phi}}$ 与 $\boldsymbol{\omega}$ 并不同步,式(4.4.6)右侧第二项称为旋转矢量计算过程中的“圆锥效应”。在旋转矢量计算过程中,必须考虑圆锥效应,并对其进行补偿。可以采用四子样法对圆锥效应进行补偿。这里直接给出 $\Delta\boldsymbol{\Phi}$ 的计算过程和计算方程。推导过程详见附录 A,四子样法的补偿精度分析详见 4.5 节。

$$\Delta\boldsymbol{\Phi} = \begin{bmatrix} \Delta\Phi_{xb} \\ \Delta\Phi_{yb} \\ \Delta\Phi_{zb} \end{bmatrix} = \begin{bmatrix} \sum\limits_{j=1}^{4} \alpha_{xb}(j) \\ \sum\limits_{j=1}^{4} \alpha_{yb}(j) \\ \sum\limits_{j=1}^{4} \alpha_{zb}(j) \end{bmatrix} + \frac{2}{3}\left\{ \boldsymbol{P}_1 \begin{bmatrix} \alpha_{xb}(2) \\ \alpha_{yb}(2) \\ \alpha_{zb}(2) \end{bmatrix} + \boldsymbol{P}_3 \begin{bmatrix} \alpha_{xb}(4) \\ \alpha_{yb}(4) \\ \alpha_{zb}(4) \end{bmatrix} \right\}$$

$$+\frac{1}{2}(\boldsymbol{P}_1+\boldsymbol{P}_2)\left\{\begin{bmatrix}\alpha_{xb}(3)\\ \alpha_{yb}(3)\\ \alpha_{zb}(3)\end{bmatrix}+\begin{bmatrix}\alpha_{xb}(4)\\ \alpha_{yb}(4)\\ \alpha_{zb}(4)\end{bmatrix}\right\}+\frac{1}{30}(\boldsymbol{P}_1-\boldsymbol{P}_2)$$

$$\left\{\begin{bmatrix}\alpha_{xb}(3)\\ \alpha_{yb}(3)\\ \alpha_{zb}(3)\end{bmatrix}-\begin{bmatrix}\alpha_{xb}(4)\\ \alpha_{yb}(4)\\ \alpha_{zb}(4)\end{bmatrix}\right\} \tag{4.4.7}$$

式中

$$\boldsymbol{P}_j=\begin{bmatrix}0 & -\alpha_{zb}(j) & \alpha_{yb}(j)\\ \alpha_{zb}(j) & 0 & -\alpha_{xb}(j)\\ -\alpha_{yb}(j) & \alpha_{xb}(j) & 0\end{bmatrix};j=1,2,3,4$$

$\alpha(j)=\begin{bmatrix}\alpha_{xb}(j)\\ \alpha_{yb}(j)\\ \alpha_{zb}(j)\end{bmatrix}$为角度增量。

$$\alpha_{x_b,y_b,z_b}=\int_{t_k}^{t_k+h_{N1}}\omega_{x_b,y_b,z_b}\mathrm{d}t \tag{4.4.8}$$

其中：ω_{x_b,y_b,z_b}为载体坐标系角速度输出。

根据式(4.4.7)计算得到的旋转矢量，可以计算载体坐标系到惯性系（上一时刻地理坐标系）的更新四元数 $\Delta\boldsymbol{\lambda}$。

$$\Delta\boldsymbol{\lambda}=\Delta\lambda_0+\Delta\lambda_1\boldsymbol{i}+\Delta\lambda_2\boldsymbol{j}+\Delta\lambda_3\boldsymbol{k}$$

其中

$$\begin{aligned}
\Delta\lambda_0&=\cos\frac{|\Delta\boldsymbol{\Phi}|}{2}\\
\Delta\lambda_1&=\frac{\Delta\Phi_{xb}}{|\Delta\boldsymbol{\Phi}|}\sin\frac{|\Delta\boldsymbol{\Phi}|}{2}\\
\Delta\lambda_2&=\frac{\Delta\Phi_{yb}}{|\Delta\boldsymbol{\Phi}|}\sin\frac{|\Delta\boldsymbol{\Phi}|}{2}\\
\Delta\lambda_3&=\frac{\Delta\Phi_{zb}}{|\Delta\boldsymbol{\Phi}|}\sin\frac{|\Delta\boldsymbol{\Phi}|}{2}
\end{aligned} \tag{4.4.9}$$

$$\Delta\lambda_0=1-\frac{|\Delta\boldsymbol{\Phi}|^2}{8}+\frac{|\Delta\boldsymbol{\Phi}|^4}{384}$$

$$\Delta\lambda_1=r\Delta\Phi_{xb}$$

$$\Delta\lambda_2=r\Delta\Phi_{yb}$$

$$\Delta\lambda_3 = r\Delta\Phi_{zb}$$

$$r=\frac{1}{2}-\frac{|\Delta\boldsymbol{\Phi}|^2}{48}-\frac{|\Delta\boldsymbol{\Phi}|^4}{3840} \tag{4.4.10}$$

已知 $\boldsymbol{Q}_0^f$(即初始对准完成后),由式(4.4.9)、式(4.4.10)和式(4.4.1)~式(4.4.3)即可计算得到姿态更新四元数 $\boldsymbol{Q}_n^f$,从而进行姿态解算。

4.4.3 更新四元数单位化

4.4.1 节和 4.4.2 节完整介绍了姿态更新四元数的计算过程。根据四元数的性质,应该有:

$$q_0^2+q_1^2+q_2^2+q_3^2=1$$

在实际计算中,由于存在计算误差,上式并不一定总是满足。为了保证通过更新四元数计算得到的方向余弦矩阵的正交性质,在利用式(4.3.9)计算方向余弦更新矩阵之前,必须对更新四元数进行单位化处理。

记:$\Delta=1-(q_0^2+q_1^2+q_2^2+q_3^2)$。则可以根据以下规则进行四元数的单位化。

$$\begin{cases}\hat{q}_{n+1}=\dfrac{q_{n+1}}{\sqrt{1-\Delta}}\approx q_{n+1}\left(1+\dfrac{\Delta}{2}\right) & (\Delta>\Delta_0)\\ \hat{q}_{n+1}=q_{n+1} & (\Delta\leqslant\Delta_0)\end{cases} \tag{4.4.11}$$

Δ_0 的值可以根据实际情况确定。

4.4.4 姿态角解算

根据方向余弦矩阵与四元数之间的对应关系,可以确定载体坐标系到当地地理坐标系的方向余弦矩阵 $\boldsymbol{C}_b^n$。

$$\boldsymbol{C}_b^n=\begin{bmatrix}\hat{q}_0^2+\hat{q}_1^2-\hat{q}_2^2-\hat{q}_3^2 & 2(\hat{q}_1\hat{q}_2-\hat{q}_3\hat{q}_0) & 2(\hat{q}_1\hat{q}_3+\hat{q}_0\hat{q}_2)\\ 2(\hat{q}_1\hat{q}_2+\hat{q}_0\hat{q}_3) & \hat{q}_0^2-\hat{q}_1^2+\hat{q}_2^2-\hat{q}_3^2 & 2(\hat{q}_2\hat{q}_3-\hat{q}_0\hat{q}_1)\\ 2(\hat{q}_1\hat{q}_3-\hat{q}_0\hat{q}_2) & 2(\hat{q}_2\hat{q}_3+\hat{q}_0\hat{q}_1) & \hat{q}_0^2-\hat{q}_1^2-\hat{q}_2^2+\hat{q}_3^2\end{bmatrix} \tag{4.4.12}$$

根据姿态角与方向余弦矩阵之间的关系,进而可以确定 3 个姿态角。

$$\begin{aligned}&\tilde{c}_0=\sqrt{c_{31}^2+c_{33}^2}\\ &\vartheta=\arctan(c_{32}/\tilde{c}_0), \quad \vartheta\in[-\pi/2,\pi/2]\\ &\gamma=-\arctan(c_{31}/c_{33}), \quad \gamma\in[-\pi,\pi]\\ &\psi=\arctan(c_{12}/c_{22}), \quad \psi\in[-\pi,\pi]\end{aligned} \tag{4.4.13}$$

式中:ϑ 为纵摇角;γ 为横摇角;ψ 为方位角;c_{ij} 为 C_b^n 的元素。

综合 4.4.1 节~4.4.4 节的内容,以 2.4.2 节典型的 9 加速度计的配置方案为例,基于四元数的无陀螺惯导的姿态解算算法流程如图 4.4 所示。

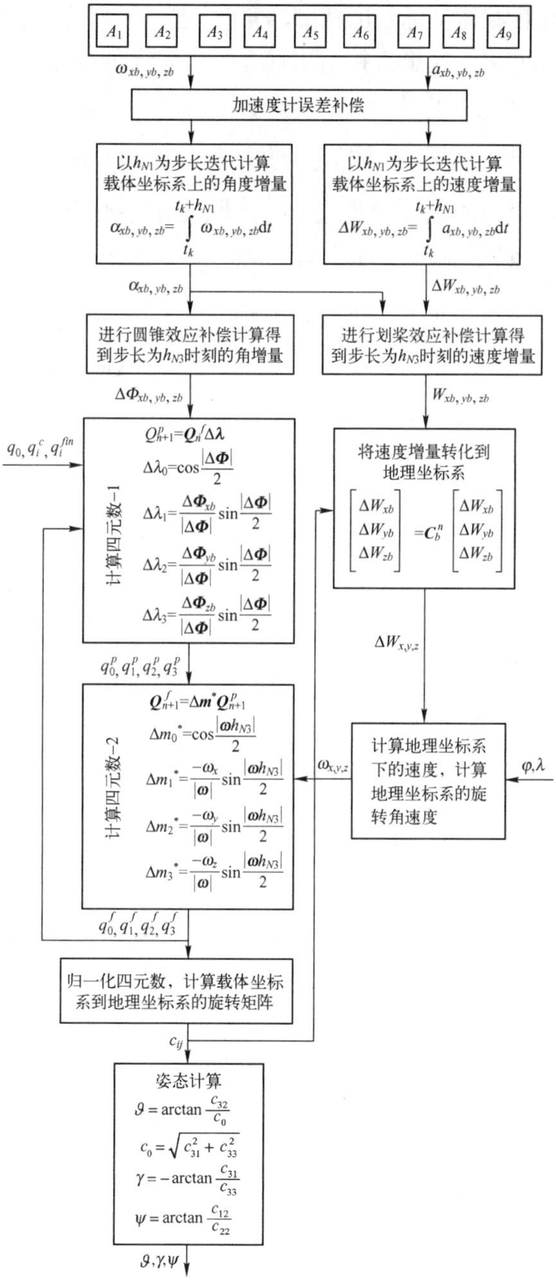

图 4.4　基于四元数的姿态解算流程

4.4.5 划桨效应补偿

图 4.4 中在计算载体坐标系的速度增量时,进行了划桨效应补偿,补偿方法采用捷联惯导的处理方法。这里直接给出计算公式。详细推导过程略。

$$
\begin{aligned}
W_{x_b,k} &= W_{x_b,k-1} + W_{y_b,k-1}\alpha_{z_b,k} - W_{z_b,k-1}\alpha_{y_b,k} + \Delta W_{x_b,k} \\
W_{y_b,k} &= W_{y_b,k-1} + W_{z_b,k-1}\alpha_{x_b,k} - W_{x_b,k-1}\alpha_{z_b,k} + \Delta W_{y_b,k} \\
W_{z_b,k} &= W_{z_b,k-1} + W_{x_b,k-1}\alpha_{y_b,k} - W_{y_b,k-1}\alpha_{x_b,k} + \Delta W_{z_b,k} \\
W_{z_b,k} &= W_{z_b,k-1} + W_{x_b,k}\alpha_{y_b,k} - W_{y_b,k}\alpha_{x_b,k} + \Delta W_{z_b,k} \\
W_{y_b,k} &= W_{y_b,k-1} + W_{z_b,k}\alpha_{x_b,k} - W_{x_b,k}\alpha_{z_b,k} + \Delta W_{y_b,k} \\
W_{x_b,k} &= W_{x_b,k-1} + W_{y_b,k}\alpha_{z_b,k} - W_{z_b,k}\alpha_{y_b,k} + \Delta W_{x_b,k}
\end{aligned}
\tag{4.4.14}
$$

初始值:$W_{xb} = W_{yb} = W_{zb} = 0$。

式中

$$\Delta W_{xb,yb,zb} = \int_{t_k}^{t_k+h_{N1}} a_{xb,yb,zb}\,\mathrm{d}t$$

$$\alpha_{xb,yb,zb} = \int_{t_k}^{t_k+h_{N1}} \omega_{xb,yb,zb}\,\mathrm{d}t$$

x_b, y_b, z_b——载体坐标系;

$a_{xb,yb,zb}$——沿载体坐标系的加速度;

$\omega_{xb,yb,zb}$——载体相对惯性系的角速度在载体坐标系的投影。

4.5 姿态解算精度分析

对于捷联惯导系统而言,姿态解算精度主要取决于载体坐标系角速度的测量精度和姿态解算算法的精度。这一点同样适用于无陀螺惯导。在角速度解算精度确定的情况下,姿态解算算法本身的精度将决定姿态解算的精度。下面分析姿态解算算法本身的精度。从 4.4 节的分析可以看出,决定姿态解算精度的主要环节在旋转矢量的计算以及载体相对地理坐标系的速度计算。在加速度计分辨力以及零偏等特性参数确定的情况下,载体相对地理坐标系的速度计算精度与载体坐标系到地理坐标系的方向余弦矩阵直接相关。基于以上认识,可以认为,姿态解算算法的精度主要取决于旋转矢量的解算精度。因此下面主要分析旋转矢量的解算精度。

4.4 节已经介绍了基于四元数的计算载体坐标系到地理坐标系的方向余弦更

新矩阵的两步法:第一步计算载体坐标系到惯性系(上一时刻的地理坐标系)的旋转矢量时,采用了四子样法补偿圆锥效应;第二步计算惯性系(上一时刻地理坐标系)到地理坐标系的旋转矢量时,没有进行圆锥效应补偿,这是由于地理坐标系自身的旋转角运动缓慢,不需要进行圆锥效应补偿也能够满足其计算精度。因此,下面在分析旋转矢量的解算精度时,主要分析第一步计算载体坐标系到惯性系(上一时刻的地理坐标系)的旋转矢量的精度,也就是比较未经圆锥效应补偿和经过四子样法补偿圆锥效应两者计算的更新四元数的精度。

4.5.1 圆锥效应

重写计算四元数旋转矢量的方程式(4.4.6)。

$$\Delta\boldsymbol{\Phi} = \int_{t_n}^{t_n+h_{N3}} \boldsymbol{\omega}\mathrm{d}t + \frac{1}{2}\int_{t_n}^{t_n+h_{N3}} (\boldsymbol{\Phi} \times \boldsymbol{\omega})\mathrm{d}t$$

如果不考虑上式右侧第二部分,则

$$\Delta\boldsymbol{\Phi} = \int_{t_n}^{t_n+h_{N3}} \boldsymbol{\omega}\mathrm{d}t \tag{4.5.1}$$

假设 x 轴,y 轴存在振动频率为 f 的角度振动,其振幅分别为 θ_x,θ_y。另外,假设二者之间存在相差 ϕ。则角运动可以记为

$$[\theta_x\sin2\pi ft \quad \theta_y\sin(2\pi ft+\phi) \quad 0]^{\mathrm{T}}$$

故角速度可以写为

$$\boldsymbol{\omega}=2\pi f[\theta_x\cos2\pi ft \quad \theta_y\cos(2\pi ft+\phi) \quad 0]^{\mathrm{T}}$$

根据式(4.5.1)计算的旋转矢量为

$$\Delta\boldsymbol{\Phi}=[\theta_x(\sin2\pi ft-\sin2\pi ft_k) \quad \theta_y(\sin(2\pi ft+\phi)-\sin(2\pi ft_k+\phi)) \quad 0]^{\mathrm{T}}$$

显然 $\Delta\Phi_{zb}=0$。

假设 $\Phi_0 = 0$,则将 $\Delta\boldsymbol{\Phi}$,$\boldsymbol{\omega}$ 的表达式代入 $\frac{1}{2}\int_{t_n}^{t_n+h_{N3}} (\boldsymbol{\Phi} \times \boldsymbol{\omega})\mathrm{d}t$,得

$$\delta\Delta\boldsymbol{\Phi} = 2\pi f\int_{t_k}^{t_{k+1}} \begin{bmatrix} \theta_x(\sin2\pi ft - \sin2\pi ft_k) \\ \theta_y(\sin(2\pi ft + \phi) - \sin(2\pi ft_k + \phi)) \\ 0 \end{bmatrix} \times \begin{bmatrix} \theta_x\cos2\pi ft \\ \theta_y\cos(2\pi ft + \phi) \\ 0 \end{bmatrix} \mathrm{d}t \tag{4.5.2}$$

计算发现:

$$\delta\Delta\Phi_z = 2\pi f\theta_x\theta_y\sin\phi\int_{t_k}^{t_{k+1}} \{1 - \cos2\pi f(t - t_k)\}\,\mathrm{d}t \tag{4.5.3}$$

$$\delta\Delta\Phi_z = 2\pi f\theta_x\theta_y\sin\phi\left[t_{k+1}-t_k-\frac{\sin 2\pi f(t_{k+1}-t_k)}{2\pi f}\right] \tag{4.5.4}$$

记：

$$\delta t = t_{k+1}-t_k$$

$$\delta\Delta\Phi_z = 2\pi f\theta_x\theta_y\sin\phi\cdot\delta t\left[1-\frac{\sin 2\pi f\delta t}{2\pi f\delta t}\right] \tag{4.5.5}$$

由式(4.5.5)发现：虽然只存在 x,y 轴上的角运动，但是由于 x,y 轴上的角运动存在相差，因此引起了圆锥运动效应，即引起了 z 轴方向上的角运动。如果忽略 $\frac{1}{2}\int_{t_n}^{t_n+h_{N3}}(\boldsymbol{\Phi}\times\boldsymbol{\omega})\mathrm{d}t$，则旋转矢量角度漂移速率为

$$\delta\dot{\alpha}_z = 2\pi f\theta_x\theta_y\sin\phi\left[1-\frac{\sin 2\pi f\delta t}{2\pi f\delta t}\right] \tag{4.5.6}$$

如果 $\delta\dot{\alpha}_z$ 的值足够小，则可以忽略其影响。反之，则必须进行补偿。

4.5.2 四元数解算误差

根据式(4.3.10)可以计算载体坐标系到惯性系（上一时刻地理坐标系）的四元数，即

$$\dot{\boldsymbol{q}} = \frac{1}{2}\boldsymbol{q}\cdot\boldsymbol{p} \tag{4.5.7}$$

式中：$\boldsymbol{p}=[\boldsymbol{0}\quad\boldsymbol{\omega}^{\mathrm{T}}]$。

式(4.5.7)可以表示为矩阵形式，即

$$\dot{\boldsymbol{q}} = \frac{1}{2}\boldsymbol{W}\boldsymbol{q} \tag{4.5.8}$$

式中

$$\boldsymbol{W}=\begin{bmatrix} 0 & -\omega_x & -\omega_y & -\omega_z \\ \omega_x & 0 & \omega_z & -\omega_y \\ \omega_y & -\omega_z & 0 & \omega_x \\ \omega_z & \omega_y & -\omega_x & 0 \end{bmatrix} \tag{4.5.9}$$

$\boldsymbol{\omega}=[\omega_x\quad\omega_y\quad\omega_z]^{\mathrm{T}}$——载体坐标系相对惯性系的旋转角速度。

$$\boldsymbol{q}_{k+1} = \left[\exp\frac{1}{2}\int_{t_k}^{t_{k+1}}\boldsymbol{W}\mathrm{d}t\right]\boldsymbol{q}_k \tag{4.5.10}$$

$$\int_{t_k}^{t_{k+1}} \boldsymbol{W}\mathrm{d}t = \boldsymbol{\Sigma} = \begin{bmatrix} 0 & -\sigma_x & -\sigma_y & -\sigma_z \\ \sigma_x & 0 & \sigma_z & -\sigma_y \\ \sigma_y & -\sigma_z & 0 & \sigma_x \\ \sigma_z & \sigma_y & -\sigma_x & 0 \end{bmatrix} \tag{4.5.11}$$

$$\boldsymbol{\sigma} = [\sigma_x \quad \sigma_y \quad \sigma_z]^{\mathrm{T}} = \int_{t_k}^{t_{k+1}} [\omega_x \quad \omega_y \quad \omega_z]^{\mathrm{T}}\mathrm{d}t \tag{4.5.12}$$

式(4.5.10)可以写为

$$\boldsymbol{q}_{k+1} = \exp\left(\frac{\boldsymbol{\Sigma}}{2}\right) \cdot \boldsymbol{q}_k \tag{4.5.13}$$

类似于方向余弦矩阵的解算过程：

$$\boldsymbol{q}_{k+1} = \boldsymbol{q}_k \cdot \boldsymbol{r}_k \tag{4.5.14}$$

式中

$$\boldsymbol{r}_k = [a_c \quad a_s\sigma_x \quad a_s\sigma_y \quad a_s\sigma_z]^{\mathrm{T}} \tag{4.5.15}$$

$$a_c = \cos\left(\frac{|\boldsymbol{\sigma}|}{2}\right) = 1 - \frac{(0.5|\boldsymbol{\sigma}|)^2}{2!} + \frac{(0.5|\boldsymbol{\sigma}|)^4}{4!} - \cdots \tag{4.5.16}$$

$$a_s = \frac{\sin(|\boldsymbol{\sigma}|/2)}{|\boldsymbol{\sigma}|} = 0.5\left(1 - \frac{(0.5|\boldsymbol{\sigma}|)^2}{3!} + \frac{(0.5|\boldsymbol{\sigma}|)^4}{5!} - \cdots\right) \tag{4.5.17}$$

其中

$$(0.5|\boldsymbol{\sigma}|)^2 = 0.25(\sigma_x^2 + \sigma_y^2 + \sigma_z^2)$$

定义

$$\delta \boldsymbol{r} = \boldsymbol{r}^* \cdot \hat{r} \tag{4.5.18}$$

如果 $\hat{\boldsymbol{r}} = \boldsymbol{r}$，则有

$$\delta \boldsymbol{r} = 1$$

故可以采用 $\delta \boldsymbol{r}$ 表示四元数解算误差。

为了直接反映方向余弦矩阵的解算精度。记与 $\delta \boldsymbol{r}$ 对应的方向余弦矩阵为 $\delta \boldsymbol{C}$。

定义

$$D_{dc} = \sqrt{\delta c_{ij}^2} / \delta t \qquad (i>j \text{ 或 } i<j) \tag{4.5.19}$$

D_{dc} 即为衡量四元数解算误差的指标。

δt 为四元数更新时间间隔。

下面通过 D_{dc} 比较不同阶数和更新周期下的计算精度。载体旋转角速度为 $[10\sin(2\pi t) \quad 10\sin(2\pi t+\pi/6) \quad 0]$，更新周期为 0.01s，0.005s，即在相应的更新周期内旋转角度为 0.1rad，0.05rad。表 4-1 显示了不同的精度。

表 4-1　四元数解算误差比较

算法类型	姿态漂移 D_{dc}/((°)/h)	
	0.1rad	0.05rad
未经补偿的误差	52.3417	14.0513
补偿圆锥效应后的误差	1.0625	2.5775

从表 4-1 的结果可以看出，同等条件下，经过了四子样法补偿圆锥效应后的计算精度远远高于未经补偿的精度。另外还可以表明，采样率更高，即采用更短的采样周期有助于提高普通算法的精度。在四子样法中发现，0.005s 的采样周期相比于 0.01s 的采样周期精度降低了，这是由于四子样法本身的精度比较高，0.005s 的采样周期提高了相同采样时间的采样点数，在计算机计算过程增加了计算字的截断误差，因此精度反而下降。这进一步说明四子样法本身的精度远较未经圆锥效应补偿的算法高。

4.6　试验

第 3 章的研究结论表明，在无陀螺惯导绕单轴以一定的角速度旋转的情况下，能够实现自主式初始对准。对任何惯导，初始对准过程的完成是惯导转入正常工作的前提。从这个意义来说，在开始无陀螺惯导的自主式姿态解算前，需要将无陀螺惯导绕定轴以一定的角速度进行旋转以完成初始对准过程。

试验过程中，将 GFIMU 放置在经过调平的水平台上。在水平面上，将 GFIMU 绕方位轴转动一定角度，以验证 GFIMU 准动态条件下的姿态解算性能。在试验过程中，增加了一个单轴光纤陀螺辅助敏感方位轴上的角速度，并比较光纤陀螺测量的绕方位轴的转动角速度和无陀螺惯导解算出来的角速度。光纤陀螺型号为 KVH E. Core1000-RD2100，其性能指标如表 4-2 所列。

表 4-2　KVH E. Core1000-RD2100 性能指标

项　目	性　能
测量范围/(±(°)/s)	100
角速度分辨力((°)/s)	0.004
零偏稳定性((°)/s,1σ)	0.002
角度随机游走((°)/(h · $\sqrt{Hz}$))	5

将 GFIMU 放置在位置转台上，如图 4.5 所示。通过水平仪调水平，确定初始水平姿态角。通过经纬仪瞄北，确定初始方位角。首先在静止状态下采集数据约

3min，然后逆时针方向水平旋转转台 10°，停止转动，采集数据约 3min，顺时针水平旋转转台 10°，停止转动，采集数据约 3min。试验过程如图 4.6 所示。

图 4.5　姿态解算试验

初始位置为：纬度 30.5800°，经度 114.2428°。初始姿态为：纵摇 $\vartheta = -0.0913°$，横摇 $\gamma = -89.92°$，方位角 0°。载体坐标系的方向如图 4.7 所示。采用 4.4 节所设计的姿态解算算法进行姿态解算。原始数据采样频率为 10Hz，姿态解算频率为 2.5Hz。处理试验数据持续时间约 10min。

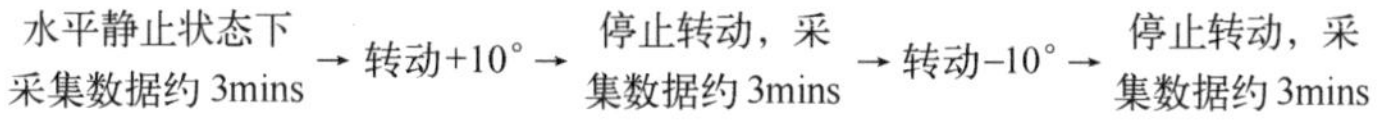

图 4.6　姿态解算试验过程描述

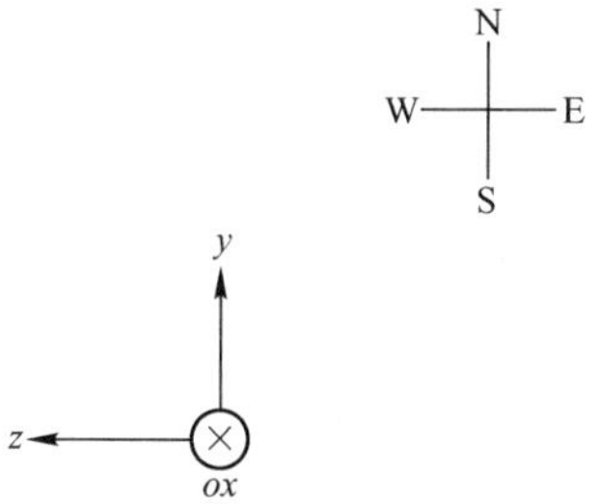

图 4.7　载体坐标系示意图

图 4.8 所示为光纤陀螺测量的方位角速度与 GFIMU 测量的方位角速度比较曲线，表明了 GFIMU 可以跟踪测量载体方位角速度，但是测量误差明显大于光纤

陀螺的测量误差,图中也显示 GFIMU 的方位角的测量误差随时间微弱发散,这是由于角速度是根据交叉乘积值进行开方处理得到,可以抑制误差发散速度。

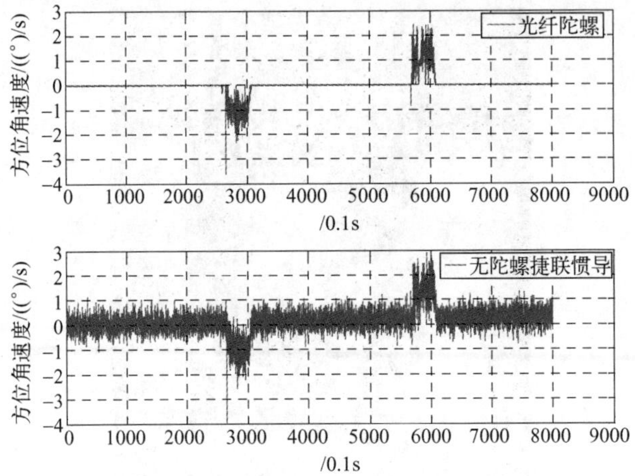

图 4.8　光纤陀螺与 GFIMU 测量方位角速度比较曲线

图 4.9~图 4.11 所示为姿态以及方位角解算曲线。表 4-3 所列为姿态及方位角解算统计结果。

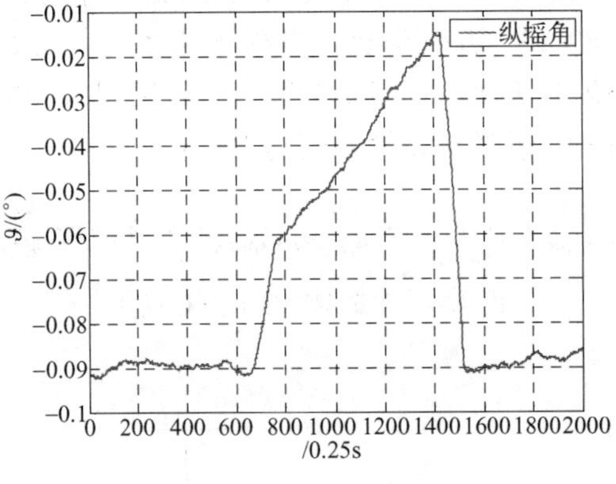

图 4.9　纵摇角曲线

表 4-3　姿态及方位角解算结果

项　　目	前 3min	中间 3min	后 3min
纵摇角解算最大误差/(°)	0.0034	0.077	0.0055
横摇角解算最大误差/(°)	−0.080	0.101	0.365
方位角解算最大误差/(°)	0.132	0.313	0.464

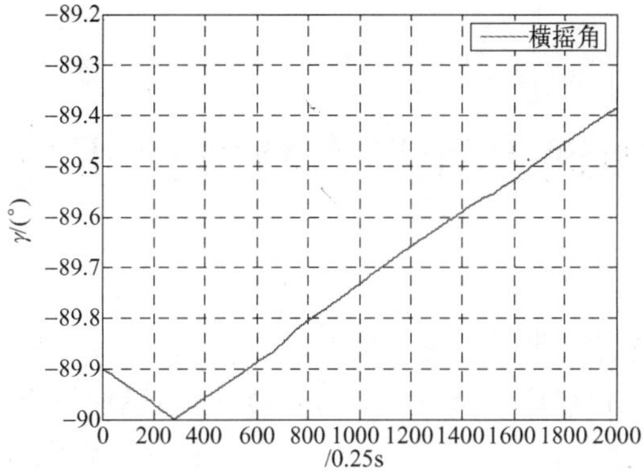

图 4.10　横摇角曲线

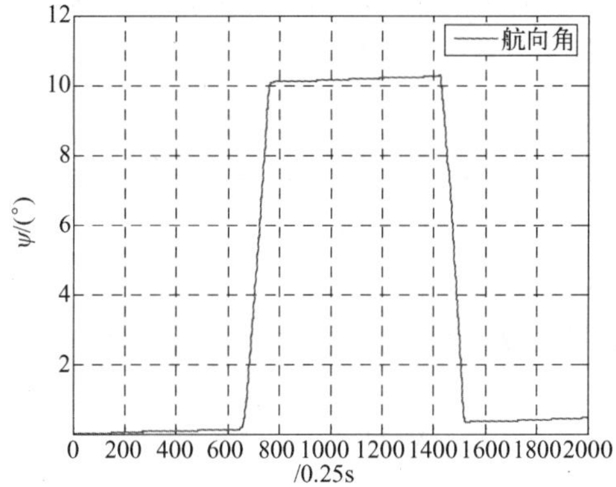

图 4.11　方位角曲线

试验结果表明，基于四元数设计的姿态解算算法可以有效的解算 GFIMU 的姿态角和方位角。10min 内，姿态角解算最大误差为 0.365°，方位角解算最大误差为 0.464°。

从图 4.9～图 4.11 还可以看出，姿态角和方位角在解算过程中，解算误差总体趋势是随时间发散的，这是通过加速度计的“杆臂效应”测量载体角速度的原理决定的。从加速度计本身的配置方式来讲，这是能够提高角速度解算精度的最优方法之一。在加速度计分辨力一定的情况下，可以通过将 GFIMU 旋转起来以增强其“杆臂效应”，进而提高角速度解算精度。在动态旋转情况下，相当于为较小的载体角速度施加了一个较强的载波信号，形成角速度交叉放大效应，从而有助于利用加速度计的“杆臂效应”比较精确地敏感载体角速度。

第5章　加速度计噪声特性分析与降噪方法

加速度计作为无陀螺惯导姿态和导航解算数据的唯一提供者,其噪声误差直接影响系统姿态和位置解算,将导致系统精度随时间迅速下降。如不进行相应降噪数据处理,无陀螺惯导将无法正常工作。例如,在无陀螺惯导中,其中某个加速度计 A_1 理论输出如图5.1所示,解算的载体运动轨迹如图5.2所示为一个圆周运动。当加速度计 A_1 存在带限白噪声时(功率谱密度(方差)等于0.01 $(m/s^2)^2$,图5.3),无陀螺惯导解算的载体运动轨迹迅速发散,如图5.4所示,在 X 轴向和 Y 轴向误差均成数量级显著增加。

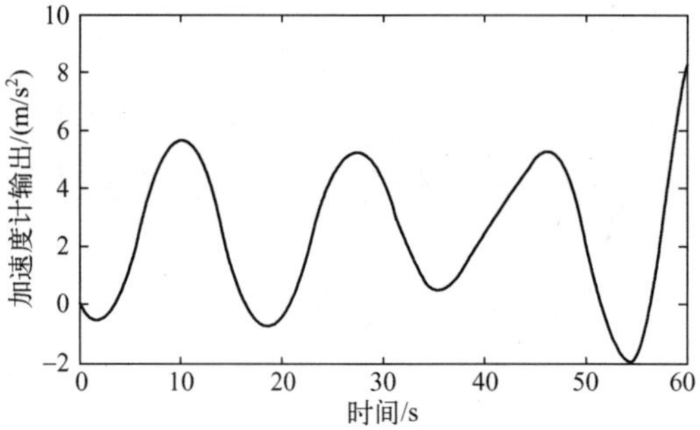

图5.1　A_1 输出(无误差时)

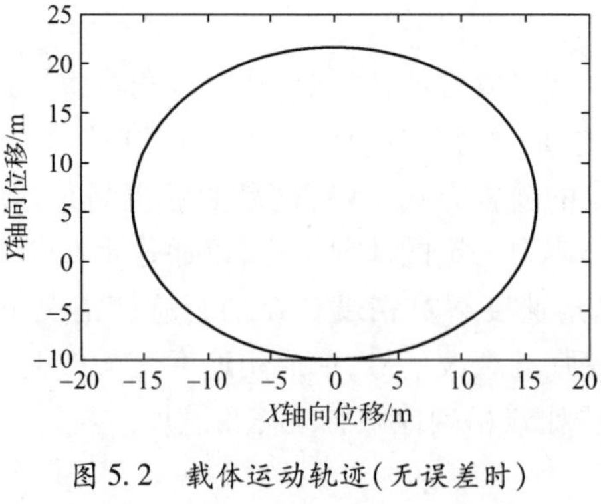

图5.2　载体运动轨迹(无误差时)

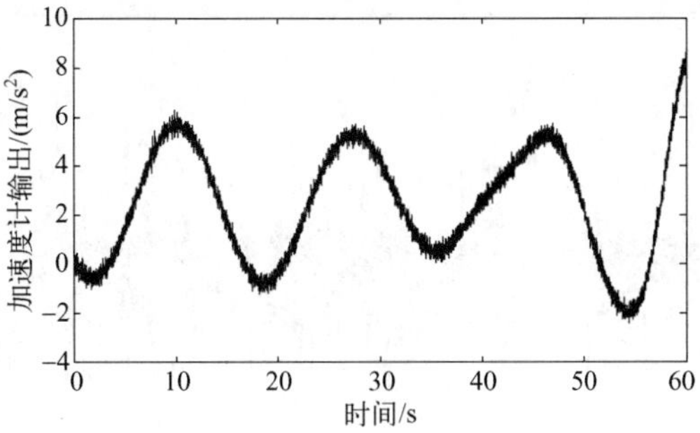

图 5.3 A_1 输出(有误差时)

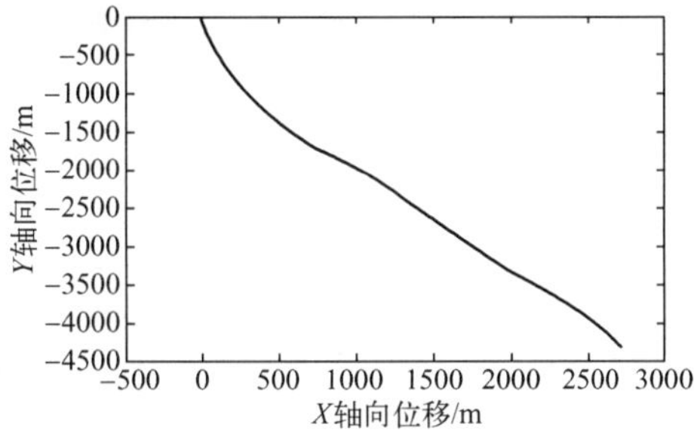

图 5.4 载体运动轨迹(有误差时)

5.1 加速度计噪声特性分析及处理

5.1.1 加速度计噪声的直观分析

在试验室水平转台上测量 GFIMU 某加速度计的长度为 300s 的实测数据如图 5.5所示。由于该加速度计是水平安装,转台通过光学标校后保持了较高的水平精度。因转台水平角误差和加速度计安装方向误差而耦合的重力分量可作为常值处理,将反映在噪声的均值上,所以从直观上看,该噪声信号应该比较接近于高斯白噪声,且均值将可能为非零。

在相同试验条件下进行了 10 次测量,每次选取稳定后长度均为 300s 的测量信号,求得各实测信号噪声的均值和方差分布分别如图 5.6、图 5.7 所示。

由图 5.6、图 5.7 可见,该加速度计噪声确实为非零均值噪声;同时该噪声也是一种非理想平稳信号,其噪声统计量均值和方差随时间存在一定的变化。为了进一步观察该信号的频域成分,对图 5.5 所示的信号进行 FFT 变换,如图 5.8 所示。

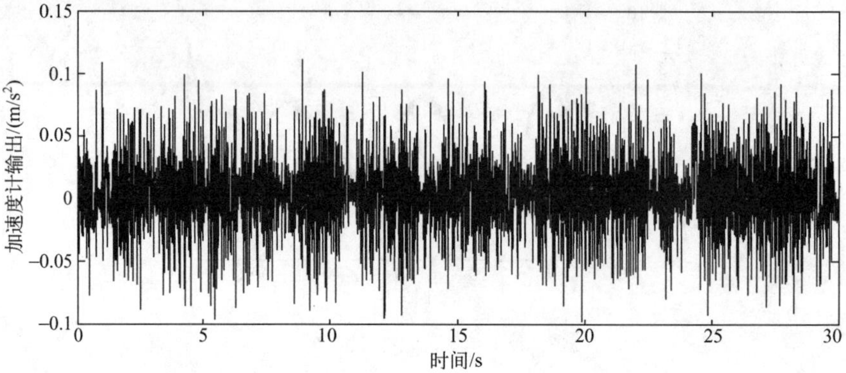

图 5.5　GFIMU 某加速度计实测噪声

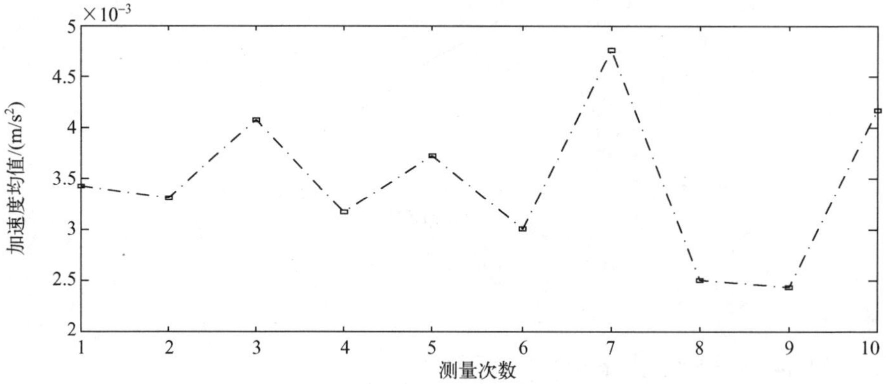

图 5.6　10 次测量噪声的均值变化

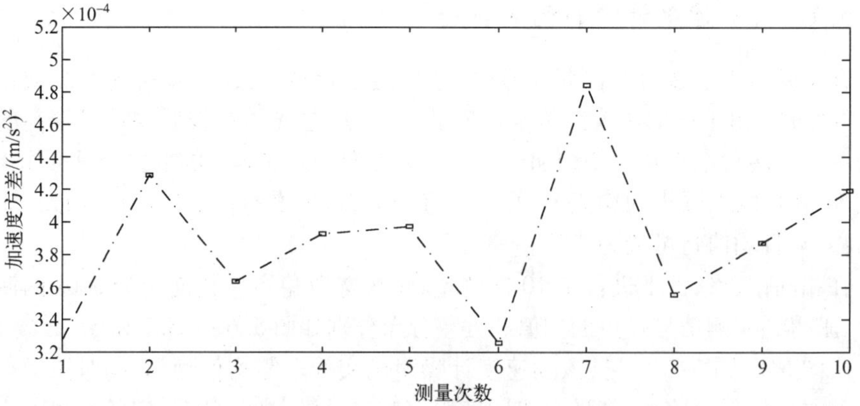

图 5.7　10 次测量噪声的方差的变化

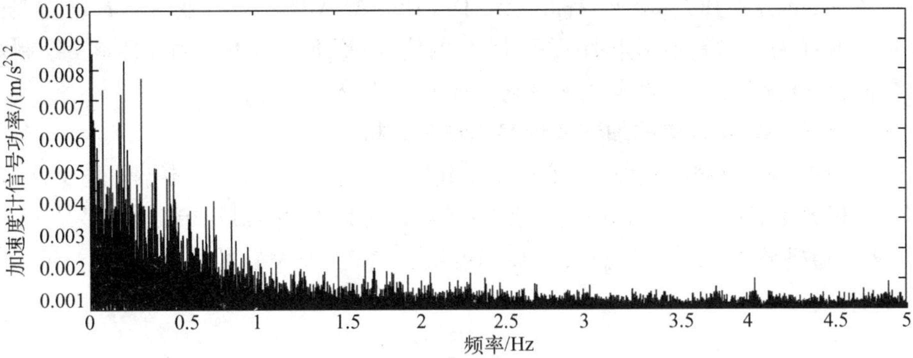

图 5.8　实测噪声频谱图

由图 5.8 频域信号可知,该噪声信号并非理想的白噪声,噪声能量并非在频域内均匀分布,在低频部分还存在较大能量成分的有色噪声成分。加速度计信号噪声并非标准的高斯白噪声,其统计特性是随时间改变的非平稳信号。

5.1.2　基于 Allan 方差的加速度计噪声分析

1. Allan 方差

Allan 方差最初是由美国国家标准局的 David Allan 为时钟系统中的特征噪声和稳定性分析而提出的时域分析方法,其主要特点是能非常容易地对各种类型的误差源和整个噪声统计特性进行辨识,目前已成为 IEEE 推荐的噪声过程特性分析方法。Allan 方差是平均时间 t 的函数,其计算方法如下:

(1) 取一组数据序列 $x(1),x(2),\cdots,x(N)$,设其采样率为 f_s,$T_s=1/f_s$,将数据序列以时间段 $t=M*T_s$ 为长度进行分组:

$$\underbrace{x_1,x_2,\cdots x_M}_{\text{第1组}},\underbrace{x_{M+1},x_{M+2},\cdots x_{M+M}}_{\text{第2组}},\cdots,\underbrace{x_{(n-1)*M+1},x_{(n-1)*M+2},\cdots x_{(n-1)*M+M}}_{\text{第}n\text{组}} \tag{5.1.1}$$

为了保证方法精度,要求数据序列至少分 9 组,即 $n=\lfloor N/M \rfloor \geqslant 9$。其中$\lfloor\ \rfloor$表示向下取整运算。

(2) 计算每组数据的平均值:

$$a(t)_i=\frac{1}{M}\sum_{j=1}^{M}x((i-1)*M+j)\ (i=1,2,\cdots,n) \tag{5.1.2}$$

得到 n 组平均值 $a(t)_1,a(t)_2,\cdots,a(t)_n$。

(3) 计算 Allan 方差:

$$\text{AVAR}(t)=\frac{1}{2\cdot(n-1)}\sum_{i=1}^{n-1}(a(t)_{i+1}-a(t)_i)^2 \tag{5.1.3}$$

将 Allan 方差开方，可求得标准差 $\mathrm{AD}(t)=\sqrt{\mathrm{AVAR}(t)}$。改变时间 t，重复上述步骤(1)~(3)，可得到不同时间下 AD(t)的值，将标准差 AD(t)对于时间 t 绘制双对数图(lg-lg 图)，即可直观地观察到不同噪声成分。

2. 基于 Allan 方差的加速度计实测噪声分析

一般地，陀螺仪随机噪声一般包括量化噪声、角度随机游走、零偏不稳定性、角速度随机游走、速率斜坡等 5 种。与之类似，加速度计的随机噪声也可分为量化噪声、速度随机游走、零偏不稳定性、加速度随机游走、速率斜坡等 5 种，其 Allan 方差如下：

$$\sigma_Q^2(t)=\frac{3Q^2}{t^2} \tag{5.1.4}$$

$$\sigma_N^2(t)=\frac{N^2}{t^2} \tag{5.1.5}$$

$$\sigma_B^2(t)=\frac{B^2}{0.6648^2} \tag{5.1.6}$$

$$\sigma_K^2(t)=\frac{K^2 t}{3} \tag{5.1.7}$$

$$\sigma_R^2(t)=\frac{R^2 t^2}{2} \tag{5.1.8}$$

式中：Q,N,B,K,R 分别为量化噪声、速度随机游走、零偏不稳定性、加速度随机游走、速率斜坡噪声系数。

由式(5.1.4)~式(5.1.8)，可将系统总 Allan 方差表示为各种噪声 Allan 方差之和，即

$$\mathrm{AVAR}(t)=\sigma_Q^2(t)+\sigma_N^2(t)+\sigma_B^2(t)+\sigma_K^2(t)+\sigma_R^2(t) \tag{5.1.9}$$

由式(5.1.4)~式(5.1.9)可知，在标准差 AD(t)对于时间 t 绘制双对数图中，量化噪声对应了斜率为-1 的曲线；速度随机游走对应了斜率为-1/2 的曲线；零偏不稳定性对应了斜率为 0 的曲线；加速度随机游走对应了斜率为 1/2 的曲线；速率斜坡对应了斜率为 1 的曲线。各种噪声可从双对数图中直观地观察出来，且各成分的系数 Q,N,B,K,R 可由曲线拟合得到。设拟合曲线如式(5.1.10)所示：

$$\mathrm{AVAR}(t)=\sum_{j=-2}^{2} c_j t^j \tag{5.1.10}$$

则各噪声系数为

$$
\begin{cases}
Q=\dfrac{10^6\sqrt{c_{-2}}}{180\times3600\times\sqrt{3}}(\mu\text{rad}) \\
N=\dfrac{\sqrt{c_{-1}}}{60}((°)/h^{1/2}) \\
B=\dfrac{\sqrt{c_0}}{0.6648}((°)/h) \\
K=60\sqrt{3c_1}((°)/h^{3/2}) \\
R=3600\sqrt{2c_2}((°)/h^2)
\end{cases}
\tag{5.1.11}
$$

一般地,Allan 方差分析法要求被分析的信号具有足够长度,以完整表征该信号中的各种噪声特性。由于目前无陀螺惯导只具有短时间精度,因此重点对系统运行前 40min 内加速度计噪声信号进行了 Allan 方差分析,如图 5.9 所示。在图 5.9 中,可以直观观察到斜率为-1,-1/2 和 0 的曲线,并没有发现斜率为 1/2 和 1 的曲线。采用式(5.1.9)所示多项式进行曲线拟合,依据式(5.1.11)确定误差系数如式(5.1.12)所示。

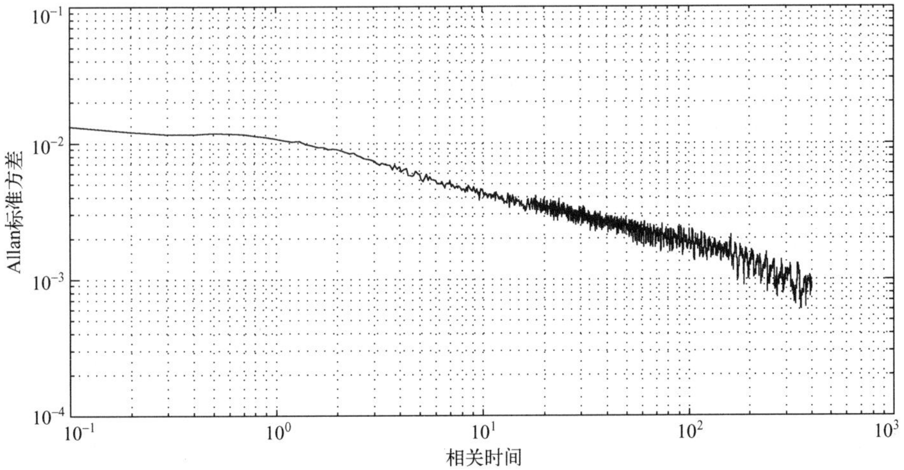

图 5.9　加速度计噪声 Allan 方差双对数图

$$
\begin{cases}
Q=0.09354760718465(\mu\text{rad}) \\
N=1.545457870345792\times10^{-4}((°)/\text{h}^{1/2}) \\
B=0.00320437808213((°)/\text{h}) \\
K\approx0 \\
R\approx0
\end{cases}
\tag{5.1.12}
$$

由图5.9以及确定的误差系数可知，加速度计的噪声不仅包含高斯白噪声，还包含了量化噪声（斜率为−1）、速度随机游走（斜率为−1/2）、零偏不稳定性（斜率为0）等3种主要类型的噪声成分。其中，量化噪声主要是由于NI数据采集卡DAQ6015采样率较低（10Hz）造成的；速度随机游走是高斯白噪声在Allan方差中的具体表现；零偏不稳定性主要是由于低频数据中零偏波动造成的。由于测量数据长度没有足够长，加速度游走以及速率斜坡信号（斜率为1/2和1）并没有出现。此外，从图5.9曲线尾部还可以观察到正弦噪声的存在，应该是由于测试设备和环境因素的周期性变化造成的。

采用Allan方差法对加速度计的实测噪声数据分析后，进一步确认了加速度计信号并非只有高斯白噪声一种成分，而是包含了多种的噪声成分，这为后续的信号降噪处理带来了一定的困难。为了进行加速度计信号的有效降噪处理，必须采取适当的技术手段对噪声统计规律进行近似估计和及时修正，即自适应滤波方法。

5.2 改进的自适应卡尔曼滤波降噪

在采用低通滤波器降噪时，精度有限，且存在阻带频率的确定等问题。在满足线性和高斯分布的条件下，卡尔曼滤波是一种最小方差意义下的最优估计。由5.1节分析可知，在实际加速度计降噪处理时，由于受到加速度漂移、系统电源波动、环境影响等因素制约，系统噪声和量测噪声的统计规律不能完全确定，因此需采用自适应方法对噪声的统计规律进行近似估计。

目前，人们对自适应卡尔曼滤波的研究主要集中在两个方面：基于新息自适应估计（IAE）的卡尔曼滤波和基于多模型的自适应卡尔曼滤波（MMAE）。一般而言，MMAE需要在滤波过程中对系统滤波模型参数进行自适应调整，计算量较大，实时性较差。IAE在求取新息序列方差时，滑动窗的宽度并没有明确、定量的确定方法。

考虑到加速度计降噪处理中系统模型可采用线性模型，主要不确定问题是系统噪声和量测噪声的统计特性，本书提出一种新的自适应卡尔曼滤波器设计方法，利用新息自适应调整滤波方程中的系统噪声协方差阵 $\boldsymbol{Q}$ 和量测噪声协方差阵 $\boldsymbol{R}$；在此基础上，针对不同宽度的新息方差滑动窗，设计一组并行自适应卡尔曼滤波器，并利用新息方差的估值对各并行滤波器进行加权优化，从而求得滑动窗口宽度优化的综合滤波器。

对于离散线性系统，其系统方程和量测方程为

$$\boldsymbol{X}_{k+1}=\boldsymbol{F}_{(k+1,k)}\boldsymbol{X}_k+\boldsymbol{w}_k \tag{5.2.1}$$

$$Y_{k+1}=H_{k+1}X_{k+1}+v_{k+1} \tag{5.2.2}$$

式中：X_k 为 k 时刻系统状态量；$F_{(k+1,k)}$ 为系统一步状态转移矩阵；w_k 为系统噪声，其协方差阵为Q_k；H_{k+1}为系统量测矩阵；Y_{k+1}为 $k+1$ 时刻系统量测值；v_{k+1}为量测噪声，其协方差阵为R_{k+1}。

以新息形式表示的离散型线性系统的卡尔曼滤波的一般算法如下：

（1）状态一步预测：

$$\bar{x}_{(k+1,k)}=F_{(k+1,k)}\bar{x}_k \tag{5.2.3}$$

（2）均方误差一步预测：

$$P_{(k+1,k)}=F_{(k+1,k)}P_k F^{\mathrm{T}}_{(k+1,k)}+Q_k \tag{5.2.4}$$

（3）滤波增益：

$$K_{k+1}=P_{(k+1,k)}H^{\mathrm{T}}_{k+1}CIV^{-1}_{k+1} \tag{5.2.5}$$

（4）状态估计：

$$\bar{x}_{k+1}=\bar{x}_{(k+1,k)}+K_{k+1}IV_{k+1} \tag{5.2.6}$$

（5）均方误差估计：

$$P_{k+1}=(I-K_{k+1}H_{k+1})P_{(k+1,k)} \tag{5.2.7}$$

式中：IV_{k+1}为 $k+1$ 时刻新息状态，CIV_{k+1}为其方差，满足以下关系：

$$IV_{k+1}=Y_{k+1}-H_{k+1}\bar{x}_{(k+1,k)} \tag{5.2.8}$$

$$CIV_{k+1}=H_{k+1}P_{(k+1,k)}H^{\mathrm{T}}_{(k+1)}+R_{k+1} \tag{5.2.9}$$

为了解决离散线性系统卡尔曼滤波算法中噪声统计特性（Q、R）的不确定性问题，可以利用新息序列实现 Q、R 的自适应估计。在系统噪声和量测噪声服从不相关的高斯分布，且新息序列具有遍历性时，可以证明，式（5.2.10）是新息方差最大似然的最优估计：

$$C\hat{I}V_k=\frac{1}{N}\sum_{j=j_0}^{k}IV_jIV_j^{\mathrm{T}} \tag{5.2.10}$$

式中：N 为新息序列滑动窗口的宽度；$j_0=k-N+1$。

5.2.1 基于新息的噪声自适应估计

（1）基于新息的系统噪声协方差阵 Q 的自适应估计。

由式（5.2.4），得

$$Q_k=P_{(k+1,k)}-P_{k+1}+P_{k+1}-F_{(k+1,k)}P_k F^{\mathrm{T}}_{(k+1,k)} \tag{5.2.11}$$

又由式（5.2.7），得

$$P_{(k+1,k)}-P_{k+1}=K_{k+1}H_{k+1}P_{(k+1,k)} \tag{5.2.12}$$

将式（5.2.12）代入式（5.2.11），得

$$Q_k=K_{k+1}H_{k+1}P_{(k+1,k)}+P_{k+1}-F_{(k+1,k)}P_k F^{\mathrm{T}}_{(k+1,k)} \tag{5.2.13}$$

因为在滤波稳定时，均方误差阵 $\boldsymbol{P}$ 趋近于 0，则式(5.2.13)可以近似为

$$\boldsymbol{Q}_k \approx \boldsymbol{K}_{k+1}\boldsymbol{H}_{k+1}\boldsymbol{P}_{(k+1,k)} \tag{5.2.14}$$

将式(5.2.5)代入$\boldsymbol{K}_{k+1}\boldsymbol{CIV}_{k+1}\boldsymbol{K}_{k+1}^{\mathrm{T}}$，得

$$\begin{aligned}&\boldsymbol{K}_{k+1}\boldsymbol{CIV}_{k+1}\boldsymbol{K}_{k+1}^{\mathrm{T}}\\&=\boldsymbol{K}_{k+1}\boldsymbol{CIV}_{k+1}(\boldsymbol{P}_{(k+1,k)}\boldsymbol{H}_{k+1}^{\mathrm{T}}\boldsymbol{CIV}_{k+1}^{-1})^{\mathrm{T}}\\&=\boldsymbol{K}_{k+1}\boldsymbol{H}_{k+1}\boldsymbol{P}_{(k+1,k)}\end{aligned} \tag{5.2.15}$$

(对于(协)方差阵，$\boldsymbol{P}_{(k+1,k)}=\boldsymbol{P}_{(k+1,k)}^{\mathrm{T}}$，$\boldsymbol{CIV}_{k+1}=\boldsymbol{CIV}_{k+1}^{\mathrm{T}}$)。

因此，联立式(5.2.14)、式(5.2.15)可知，基于新息的系统噪声协方差阵$\boldsymbol{Q}$的自适应估计可表示为

$$\hat{\boldsymbol{Q}}_k=\boldsymbol{K}_k\boldsymbol{C}\hat{\boldsymbol{I}}\boldsymbol{V}_k\,\boldsymbol{K}_k^{\mathrm{T}} \tag{5.2.16}$$

(2) 基于新息的量测噪声协方差阵 $\boldsymbol{R}$ 的自适应估计。

由式(5.2.9)变形即可直接获得基于新息的量测噪声协方差阵的自适应估计：

$$\hat{\boldsymbol{R}}_{k+1}=\boldsymbol{C}\hat{\boldsymbol{X}}\boldsymbol{V}_{k+1}-\boldsymbol{H}_{k+1}\boldsymbol{P}_{(k+1,k)}\boldsymbol{H}_{k+1}^{\mathrm{T}} \tag{5.2.17}$$

5.2.2 滑动估计窗口宽度的优化

式(5.2.10)中滑动估计窗口宽度 N 的选取不能太小，否则无法有效估计新息的方差等统计特性；但也不能太大，否则将失去新息的部分动态特性。可以针对不同宽度窗口，设计不同的并行自适应滤波器，再利用加权系数进行优化组合。对于 M 个窗口宽度 $N_1,N_2,\cdots,N_M$，设计了 M 个滤波器，如图 5.10 所示。

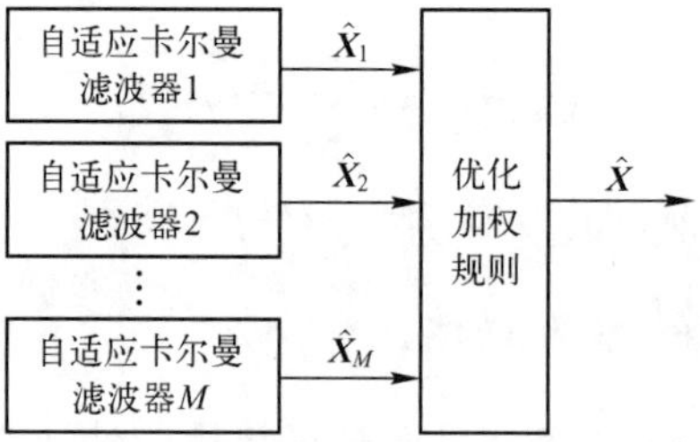

图 5.10 滑动窗口宽度的优化

并行滤波器的总输出是各滤波器输出的加权平均值，$\hat{\boldsymbol{X}}=w_1\hat{\boldsymbol{X}}_1+w_2\hat{\boldsymbol{X}}_2+\cdots+w_M\hat{\boldsymbol{X}}_M$。

归一化权值：$w_i=\dfrac{1/\mathrm{tr}(\boldsymbol{CIV}_{(i)})}{1/\mathrm{tr}(\boldsymbol{CIV}_{(1)})+1/\mathrm{tr}(\boldsymbol{CIV}_{(2)})+\cdots+1/\mathrm{tr}(\boldsymbol{CIV}_{(M)})}$

式中:tr( )表示矩阵求迹算子;$\boldsymbol{CIV}_{(i)}$为第 i 个滤波器的新息方差。若某滤波器新息方差越小,说明该滤波器性能越好,则该滤波器在该组滤波器中所占权值越大。

5.3 基于小波卡尔曼滤波降噪

在不准确的信号模型下,标准卡尔曼滤波将带来较大误差甚至发散。因此,在非标准观测噪声条件下需要对标准卡尔曼滤波进行一定的修正。小波变换因具有良好的函数适应性和自适应降噪能力而广泛应用于噪声信号处理。但是它不满足在线实时处理的要求。根据 5.1 节所述加速度计噪声非平稳的特性,即加速度计噪声统计特性的时变特性,可采用小波方法为卡尔曼滤波提供实时更新的观测噪声的方差估计。

5.3.1 观测噪声在线近似估计方法

由于在信号降噪、抑噪时,经典小波理论只适合于信号的事后、离线处理,因此对经典小波降噪理论作了改进,出现了一种实时的小波降噪方法,即通过施加滑动数据窗的方式,剪取实时数据的最新一段,再利用区间小波降噪算法,构造出一种实时递推降噪过程。该方法本质是抑制噪声信号,获得有用信号。

反之,如果采用实时递推小波方法通过抑制有用信号,保留噪声,可求得噪声信号的方差(二阶矩统计特性),从而可以实现观测噪声方差的在线近似估计。

设滑动窗口宽度为 N,测量观测序列 $\boldsymbol{Y}_N=\{\boldsymbol{y}_1,\boldsymbol{y}_2,\cdots,\boldsymbol{y}_N\}$,小波变换算子为 $A(\cdot)$,抑制有用信号算子为 $C(\cdot)$,小波逆变换算子为 $A^{-1}(\cdot)$,$\mathrm{VAR}(\cdot)$为二阶矩估计算子,则观测噪声在线近似估计的基本过程如下:

(1) 在每一个滑动窗口内,首先对观测序列进行小波变换 $A(\boldsymbol{Y}_N)$。

(2) 在小波域内,通过抑制小波变换的近似系数(代表低频段有用信号)、保留小波细节系数(代表高频段噪声),实现去除低频有用信号,该过程为“增噪”过程,$C(A(\boldsymbol{Y}_N))$。

(3) 将小波域的噪声信号进行小波逆变换,求得时域信号序列:

$$\boldsymbol{V}_N=\{\boldsymbol{v}_1,\boldsymbol{v}_2,\cdots,\boldsymbol{v}_N\}=A^{-1}(C(A(\boldsymbol{Y}_N)))$$

(4) 噪声方差估计近似为 $\mathrm{VAR}(\boldsymbol{V}_N)$。

(5) 将此矩估计作为滑动窗右端点 $\boldsymbol{y}_N$ 处观测噪声的近似估计。

(6) 针对新的观测量 $\boldsymbol{Y}_{N+1}$,向时间增加的方向移动一步滑动窗口,循环执行步骤(1)~(6),可求得观测噪声 $N+1$ 时刻的二阶统计特性。以此类推,即可实现观测噪声的实时在线估计。

由于噪声的一阶统计特性(均值,即直流分量)将与低频有用信号混合在一起，分离有用信号的同时，也必然将噪声直流分量损失掉了，严格分离噪声均值是比较困难的。因此，噪声均值的确定可由静态试验近似确定。由于加速度计的噪声均值在短时间内可作为常值零偏处理，也可通过旋转调制方法所抑制，因此对噪声均值估计可以不作特殊要求。

5.3.2 非标准观测噪声条件下卡尔曼滤波基本方程的理论推导

对于离散线性系统，其系统方程和量测方程分别如式(5.3.1)、式(5.3.2)所示：

$$\boldsymbol{x}_{k+1}=\boldsymbol{F}_{k+1,k}\boldsymbol{x}_k+\boldsymbol{w}_k \tag{5.3.1}$$

$$\boldsymbol{y}_{k+1}=\boldsymbol{H}_{k+1}\boldsymbol{x}_{k+1}+\boldsymbol{v}_{k+1} \tag{5.3.2}$$

式中：$\boldsymbol{x}_k$ 为 k 时刻系统状态量；$\boldsymbol{F}_{k+1,k}$为系统一步状态转移矩阵；$\boldsymbol{w}_k$ 为零均值、高斯分布系统噪声，其协方差阵为$\boldsymbol{Q}_k$；$\boldsymbol{H}_{k+1}$为系统观测矩阵；$\boldsymbol{y}_{k+1}$为 $k+1$ 时刻系统观测值；$\boldsymbol{v}_{k+1}$为系统观测噪声。观测噪声容易受到外界条件影响，通常情况下是非零均值、非高斯噪声。

标准卡尔曼滤波是一种基于模型的滤波方法，在观测噪声统计的误差条件下，其滤波精度受到较大影响。设系统观测噪声的均值和方差分别为 $E(\boldsymbol{v}_{k+1})$、$D(\boldsymbol{v}_{k+1})$。下面采用正交投影理论，推导非标准观测噪声条件下卡尔曼滤波的基本方程。

(1) 状态与观测量的一步最优估计

记$\hat{A}=\hat{E}(A/B)$为 A 在 B 上的正交投影，由正交投影理论可知，在测量观测序列$\boldsymbol{Y}_K=\{\boldsymbol{y}_1,\boldsymbol{y}_2,\cdots,\boldsymbol{y}_k\}$条件下，$k$ 时刻系统状态$\boldsymbol{x}_k$ 的最小方差估计是其在$\boldsymbol{Y}_k$ 上的正交投影：

$$\hat{\boldsymbol{x}}_k=\hat{E}(\boldsymbol{x}_k/\boldsymbol{Y}_k) \tag{5.3.3}$$

因此，在 k 时刻对状态$\boldsymbol{x}_{k+1}$的最优一步预测为：

$$\hat{\boldsymbol{x}}_{k+1,k}=\hat{E}(\boldsymbol{x}_{k+1}/\boldsymbol{Y}_k) \tag{5.3.4}$$

将式(5.3.1)代入式(5.3.4)，得

$$\begin{aligned}\hat{\boldsymbol{x}}_{k+1,k}&=\hat{E}((\boldsymbol{F}_{k+1,k}\boldsymbol{x}_k+\boldsymbol{w}_k)/\boldsymbol{Y}_k)\\&=\hat{E}((\boldsymbol{F}_{k+1,k}\boldsymbol{x}_k)/\boldsymbol{Y}_k)+\hat{E}(\boldsymbol{w}_k/\boldsymbol{Y}_k)\\&=\boldsymbol{F}_{k+1,k}\hat{\boldsymbol{x}}_k+\hat{E}(\boldsymbol{w}_k/\boldsymbol{Y}_k)\end{aligned} \tag{5.3.5}$$

由正交投影理论性质可知，式(5.3.5)右边第二项可改写为

$$\hat{E}(\boldsymbol{w}_k/\boldsymbol{Y}_k)=E(\boldsymbol{w}_k)+\mathrm{cov}(\boldsymbol{w}_k,\boldsymbol{Y}_k)(\mathrm{var}(\boldsymbol{Y}_k))^{-1}(\boldsymbol{Y}_k-E(\boldsymbol{Y}_k)) \tag{5.3.6}$$

式中：cov(· , ·)，var(·)分别为协方差和自方差的算子。

由于假设系统噪声$\boldsymbol{w}_k$与测量观测序列$\boldsymbol{Y}_k$不相关,$\mathrm{cov}(\boldsymbol{w}_k,\boldsymbol{Y}_k)=0$,假设系统噪声是标准噪声,满足零均值高斯分布,$\hat{E}(\boldsymbol{w}_k/\boldsymbol{Y}_k)=E(\boldsymbol{w}_k)=0$,故式(5.3.5)可简化为

$$\hat{\boldsymbol{x}}_{k+1,k}=\boldsymbol{F}_{k+1,k}\hat{\boldsymbol{x}}_k \tag{5.3.7}$$

记状态一步预测误差为

$$\tilde{\boldsymbol{x}}_{k+1,k}=\boldsymbol{x}_{k+1}-\hat{\boldsymbol{x}}_{k+1,k} \tag{5.3.8}$$

同理,k时刻观测量$\boldsymbol{y}_{k+1}$的最优一步预测为

$$\begin{aligned}\hat{\boldsymbol{y}}_{k+1,k}&=\hat{E}(\boldsymbol{y}_{k+1}/\boldsymbol{Y}_k)\\&=\hat{E}((\boldsymbol{H}_{k+1}\boldsymbol{x}_{k+1}+\boldsymbol{v}_{k+1})/\boldsymbol{Y}_k)\\&=\boldsymbol{H}_{k+1}\hat{E}(\boldsymbol{x}_{k+1}/\boldsymbol{Y}_k)+\hat{E}(\boldsymbol{v}_{k+1}/\boldsymbol{Y}_k)\end{aligned} \tag{5.3.9}$$

因为$k+1$时刻噪声$\boldsymbol{v}_{k+1}$与观测序列$\boldsymbol{Y}_k$无关。因此,在非标准观测噪声条件下,由式(5.3.9),得

$$\hat{\boldsymbol{y}}_{k+1,k}=\boldsymbol{H}_{k+1}\boldsymbol{F}_{k+1,k}\hat{\boldsymbol{x}}_k+E(\boldsymbol{v}_{k+1}) \tag{5.3.10}$$

记观测一步预测误差为:

$$\begin{aligned}\tilde{\boldsymbol{y}}_{k+1,k}&=\boldsymbol{y}_{k+1}-\hat{\boldsymbol{y}}_{k+1,k}\\&=\boldsymbol{H}_{k+1}\tilde{\boldsymbol{x}}_{k+1,k}+\boldsymbol{v}_{k+1}-E(\boldsymbol{v}_{k+1})\end{aligned} \tag{5.3.11}$$

(2) 系统状态的递推最优估计

由正交投影理论相关结论可知:

$$\begin{aligned}\hat{\boldsymbol{x}}_{k+1}&=\hat{E}(\boldsymbol{x}_{k+1}/\boldsymbol{Y}_{k+1})\\&=\hat{E}(\boldsymbol{x}_{k+1}/\boldsymbol{Y}_k)+\hat{E}(\tilde{\boldsymbol{x}}_{k+1,k}/\tilde{\boldsymbol{y}}_{k+1,k})\\&=\hat{E}(\boldsymbol{x}_{k+1}/\boldsymbol{Y}_k)+E(\tilde{\boldsymbol{x}}_{k+1,k}\tilde{\boldsymbol{y}}_{k+1,k}^{\mathrm{T}})(E(\tilde{\boldsymbol{y}}_{k+1,k}\tilde{\boldsymbol{y}}_{k+1,k}^{\mathrm{T}}))^{-1}\tilde{\boldsymbol{y}}_{k+1,k}\end{aligned} \tag{5.3.12}$$

其中:$\tilde{\boldsymbol{x}}_{k+1,k}$,$\tilde{\boldsymbol{y}}_{k+1,k}$分别由式(5.3.8)、式(5.3.11)确定。因为

$$\begin{aligned}&E(\tilde{\boldsymbol{x}}_{k+1,k}\tilde{\boldsymbol{y}}_{k+1,k}^{\mathrm{T}})\\&=E((\tilde{\boldsymbol{x}}_{k+1,k})(\boldsymbol{H}_{k+1}\tilde{\boldsymbol{x}}_{k+1,k}+\boldsymbol{v}_{k+1}-E(\boldsymbol{v}_{k+1}))^{\mathrm{T}})\\&=E(\tilde{\boldsymbol{x}}_{k+1,k}\tilde{\boldsymbol{x}}_{k+1,k}^{\mathrm{T}})\boldsymbol{H}_{k+1}^{\mathrm{T}}\end{aligned} \tag{5.3.13}$$

记状态一步预测方差阵为

$$E(\tilde{\boldsymbol{x}}_{k+1,k}\tilde{\boldsymbol{x}}_{k+1,k}^{\mathrm{T}})=\boldsymbol{P}_{k+1,k} \tag{5.3.14}$$

又有

$$
\begin{aligned}
&E(\tilde{\boldsymbol{y}}_{k+1,k}\tilde{\boldsymbol{y}}_{k+1,k}^{\mathrm{T}})\\
&=E((\boldsymbol{H}_{k+1}\tilde{\boldsymbol{x}}_{k+1,k}+\boldsymbol{v}_{k+1}-E(\boldsymbol{v}_{k+1}))(\boldsymbol{H}_{k+1}\tilde{\boldsymbol{x}}_{k+1,k}+\boldsymbol{v}_{k+1}-E(\boldsymbol{v}_{k+1}))^{\mathrm{T}})\\
&=\boldsymbol{H}_{k+1}\boldsymbol{P}_{k+1,k}\boldsymbol{H}_{k+1}^{\mathrm{T}}+E((\boldsymbol{v}_{k+1}-E(\boldsymbol{v}_{k+1}))(\boldsymbol{v}_{k+1}-E(\boldsymbol{v}_{k+1}))^{\mathrm{T}})
\end{aligned}
\tag{5.3.15}
$$

记观测噪声方差为

$$
E((\boldsymbol{v}_{k+1}-E(\boldsymbol{v}_{k+1}))(\boldsymbol{v}_{k+1}-E(\boldsymbol{v}_{k+1}))^{\mathrm{T}}=D(\boldsymbol{v}_{k+1})
\tag{5.3.16}
$$

所以,将式(5.3.4)、式(5.3.13)~式(5.3.16)代入式(5.3.12)可得系统状态估计更新为

$$
\hat{\boldsymbol{x}}_{k+1}=\hat{\boldsymbol{x}}_{k+1,k}+\boldsymbol{K}_{k+1}(\boldsymbol{y}_{k+1}-\boldsymbol{H}_{k+1}\hat{\boldsymbol{x}}_{k+1,k}-E(\boldsymbol{v}_{k+1}))
\tag{5.3.17}
$$

其中滤波增益为

$$
\boldsymbol{K}_{k+1}=\boldsymbol{P}_{k+1,k}\boldsymbol{H}_{k+1}^{\mathrm{T}}(\boldsymbol{H}_{k+1}\boldsymbol{P}_{k+1,k}\boldsymbol{H}_{k+1}^{\mathrm{T}}+D(\boldsymbol{v}_{k+1}))^{-1}
\tag{5.3.18}
$$

(3) 滤波误差方差阵的确定

根据式(5.3.14),一步预测误差方差阵为

$$
\begin{aligned}
\boldsymbol{P}_{k+1,k}&=E((\boldsymbol{x}_{k+1}-\hat{\boldsymbol{x}}_{k+1,k})(\boldsymbol{x}_{k+1}-\hat{\boldsymbol{x}}_{k+1,k})^{\mathrm{T}})\\
&=E((\boldsymbol{F}_{k+1,k}\boldsymbol{x}_k+\boldsymbol{w}_k-\boldsymbol{F}_{k+1,k}\hat{\boldsymbol{x}}_k)(\boldsymbol{F}_{k+1,k}\boldsymbol{x}_k+\boldsymbol{w}_k-\boldsymbol{F}_{k+1,k}\hat{\boldsymbol{x}}_k)^{\mathrm{T}})
\end{aligned}
\tag{5.3.19}
$$

设系统噪声方差为$\boldsymbol{Q}_k$,则式(5.3.19)简化为

$$
\boldsymbol{P}_{k+1,k}=\boldsymbol{F}_{k+1,k}\boldsymbol{P}_k\ \boldsymbol{F}_{k+1,k}^{\mathrm{T}}+\boldsymbol{Q}_k
\tag{5.3.20}
$$

式中:$\boldsymbol{P}_k=E((\boldsymbol{x}_k-\hat{\boldsymbol{x}}_k)(\boldsymbol{x}_k-\hat{\boldsymbol{x}}_k)^{\mathrm{T}})$为 k 时刻状态估计误差方差阵。

因为有

$$
\begin{aligned}
&\boldsymbol{x}_{k+1}-\hat{\boldsymbol{x}}_{k+1}\\
&=\boldsymbol{x}_{k+1}-\hat{\boldsymbol{x}}_{k+1,k}-\boldsymbol{K}_{k+1}(\boldsymbol{y}_{k+1}-\boldsymbol{H}_{k+1}\hat{\boldsymbol{x}}_{k+1,k}-E(\boldsymbol{v}_{k+1}))\\
&=\hat{\boldsymbol{x}}_{k+1,k}-\boldsymbol{K}_{k+1}(\boldsymbol{H}_{k+1}\hat{\boldsymbol{x}}_{k+1,k}+\boldsymbol{v}_{k+1}-E(\boldsymbol{v}_{k+1}))\\
&=(\boldsymbol{I}-\boldsymbol{K}_{k+1}\boldsymbol{H}_{k+1})\hat{\boldsymbol{x}}_{k+1,k}-\boldsymbol{K}_{k+1}(\boldsymbol{v}_{k+1}-E(\boldsymbol{v}_{k+1}))
\end{aligned}
\tag{5.3.21}
$$

所以,把式(5.3.21)代入 $k+1$ 时刻滤波误差方差阵定义,得

$$
\begin{aligned}
\boldsymbol{P}_{k+1}&=E((\boldsymbol{x}_{k+1}-\hat{\boldsymbol{x}}_{k+1})(\boldsymbol{x}_{k+1}-\hat{\boldsymbol{x}}_{k+1})^{\mathrm{T}})\\
&=(\boldsymbol{I}-\boldsymbol{K}_{k+1}\boldsymbol{H}_{k+1})\boldsymbol{P}_{k+1,k}(\boldsymbol{I}-\boldsymbol{K}_{k+1}\boldsymbol{H}_{k+1})^{\mathrm{T}}\\
&\quad+\boldsymbol{K}_{k+1}D(\boldsymbol{v}_{k+1})\boldsymbol{K}_{k+1}^{\mathrm{T}}
\end{aligned}
\tag{5.3.22}
$$

至此,由式(5.3.7)、式(5.3.17)、式(5.3.18)、式(5.3.20)和式(5.3.22)一起构成了非标准观测噪声条件下的完整卡尔曼滤波方程。其中观测噪声的统计特性由 5.3.1 节所述小波方法实时递推估计确定。

5.4 试验

5.4.1 无陀螺惯导中加速度计降噪模型

选择加速度计的理论输出为待估计的一维状态量,认为除系统(过程)噪声外,系统状态保持稳定。由于直接测量的是含测量噪声的加速度计输出电压,加速度理论值与电压测量值的转化可以通过加速度计的标度因数实现。因此,加速度计降噪模型为

$$\boldsymbol{X}_{k+1}=\boldsymbol{X}_k+\boldsymbol{w}_k;\boldsymbol{Z}_{k+1}=\frac{K}{g_0}\boldsymbol{X}_{k+1}+\boldsymbol{v}_{k+1} \tag{5.4.1}$$

式中:g_0 为测试现场的重力加速度;K 为加速度计电压标度因数。

5.4.2 基于新息自适应卡尔曼滤波器的加速度计降噪方法

以课题组研制的 GFIMU 试验装置的两个石英挠性加速度计为试验对象,采用 5.2 节提出了自适应滤波器设计方法,在水平试验台对加速度计进行了降噪试验(图 5.11),并对未降噪的加速度计数据、采用低通滤波器(阻带频率为 5Hz)和普通自适应滤波器降噪后的数据进行了比照。

图 5.11 试验台上降噪试验实物照片

已知试验中两个加速度计的电压标度因数分别为 5.168816(V/g)、5.606708(V/g),试验现场重力加速度值为 $g_0=9.79355147\text{m/s}^2$。试验时,两个加速度计的敏感轴分别对准重力的负方向。取滤波器个数 $M=8$,滑动估计窗口宽度分别为 2、3、4、5、6、7、8、9,设计了 8 个并行滤波器。

理论上,加速度计的读数应该为该点重力加速度值。但是由于加速度计漂移等系统误差以及测量误差等量测误差的影响,加速度计实际输出中包含了较多噪声成分(高频成分),分别如图 5.12、图 5.13 所示。采用低通滤波器、普通自适应滤波器和新息自适应滤波算法降噪后,加速度计降噪后输出分别如图 5.14、图 5.15 所示。

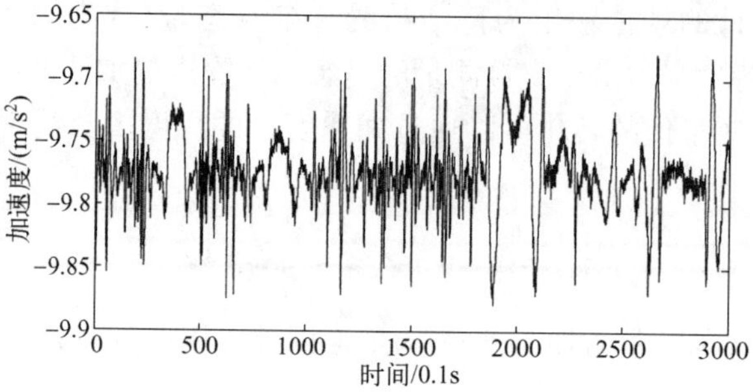

图 5.12　1 号加速度计实测数据

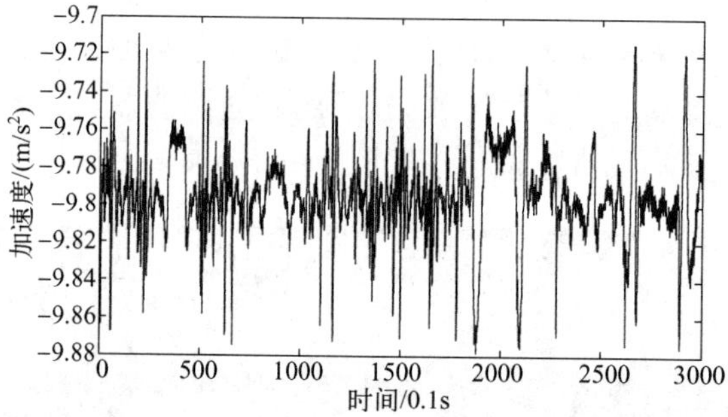

图 5.13　2 号加速度计实测数据

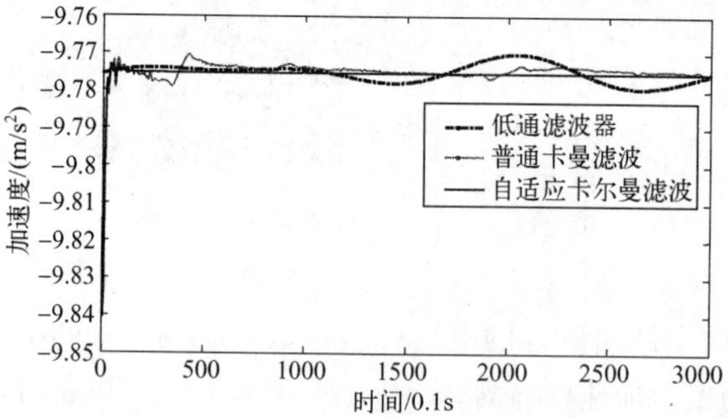

图 5.14　1 号加速度计降噪后数据

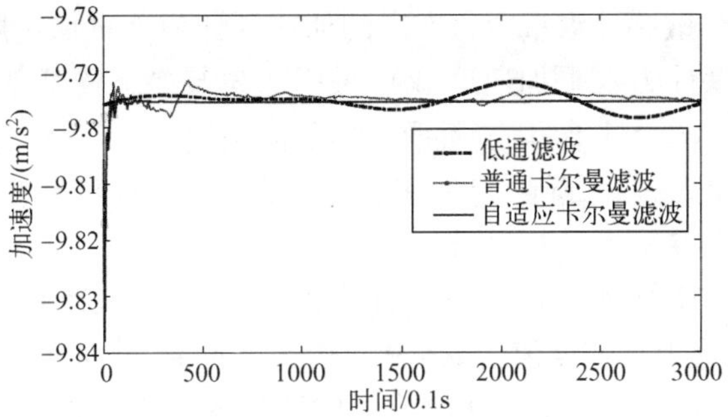

图 5.15　2 号加速度计降噪后数据

降噪前后加速度计的噪声强度(方差)数值如表 5-1 所列。

表 5-1　滤波前后加速度计噪声强度　　　(单位:$(m/s^2)^2$)

方法 \ 加速度计	1 号加速度计	2 号加速度计
未滤波	9.0925×10^{-4}	5.1623×10^{-4}
低通滤波	5.5319×10^{-6}	2.6586×10^{-6}
普通卡尔曼滤波	1.1365×10^{-6}	6.0671×10^{-7}
改进自适应卡尔曼滤波	2.2216×10^{-9}	2.5529×10^{-9}

由试验实测结果可知,在未进行降噪处理前,各加速度计由于漂移噪声、系统电源噪声、测量噪声等因素影响,测量结果中含有较多高频成分的噪声,输出噪声方差大约在10^{-4}数量级。经降噪处理后,高频噪声得到较好地抑制。采用低通滤波器进行降噪后,输出噪声方差大约在10^{-6}数量级;采用普通自适应卡尔曼滤波方法,输出噪声方差大约在10^{-7}数量级;采用新的自适应卡尔曼滤波方法,滤波器能自适应收敛,且精度较高,输出噪声方差大约在10^{-9}数量级,降噪算法取得了较好的效果,噪声信号得到了明显抑制,加速度计信号的平稳性有所增强。需要注意的是,由于加速度计的常值偏置、加速度计安装误差等因素的影响,经降噪后加速度计的信号仍然与试验现场重力加速度值 $g_0=9.79355147\text{m/s}^2$(由大地测量方法预先确定,具有较高精度)存在一定的稳态误差。这与降噪方法本身无关,可以通过其他方法进行校正和补偿。

5.4.3　小波卡尔曼滤波降噪方法

选取 GFIMU 试验装置中垂直和水平放置的两个石英挠性加速度计为试验对

象(为表述方便,称敏感轴沿重力负方向的加速度计为垂直加速度计,称敏感轴沿水平方向的加速度计为水平加速度计),采用 5.3 节提出的基于观测噪声方差和均值估计的小波卡尔曼滤波方法(简称“小波卡尔曼滤波”),在水平试验台对加速度计进行降噪试验,并与未降噪的加速度计数据、采用标准卡尔曼滤波(简称“普通卡尔曼滤波”)降噪后的数据进行比照。

已知试验中两个加速度计的电压标度因数分别为 5.250756(V/g)、5.25075(V/g),试验现场重力加速度值为 g_0=9.79355147m/s^2,小波变换的滑动数据窗宽度为 16。理论上讲,垂直加速度计的读数应该为该点重力加速度值,水平加速度计读数应为零。但是由于加速度计漂移等系统误差以及测量误差等量测误差的影响,加速度计实际输出中包含了较多噪声成分,分别如图 5.16 和图 5.17 所示。在非标准噪声条件下,采用普通卡尔曼滤波、小波卡尔曼滤波降噪后的垂直和水平加速度计信号分别如图 5.18 和图 5.19 所示;降噪前后加速度计噪声方差强度如表 5-2 所列。

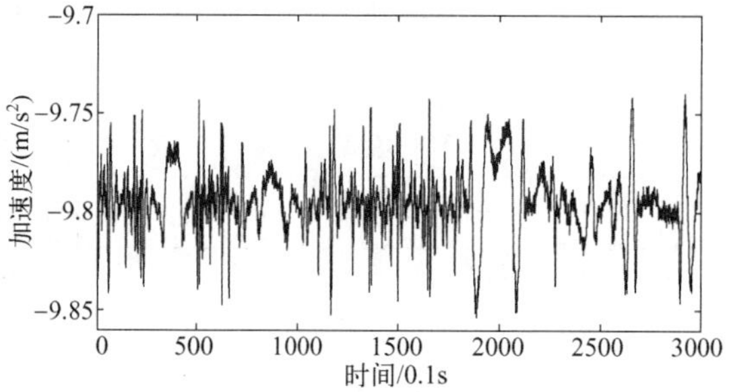

图 5.16 垂直加速度计的实测数据

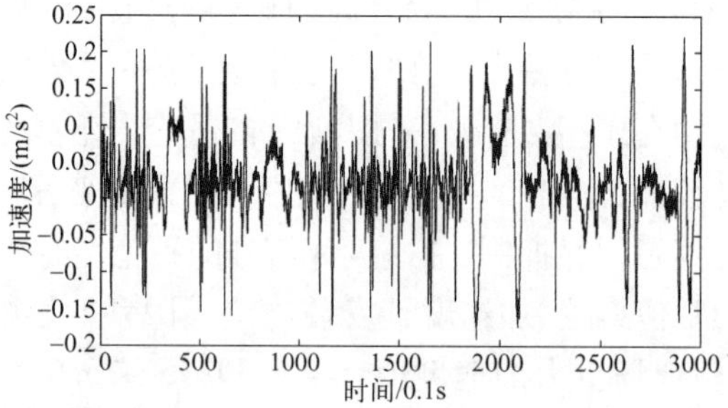

图 5.17 水平加速度计的实测数据

由表 5-2 所列的试验结果可知,在未进行降噪处理前,各加速度计由于漂移噪声、系统电源噪声、测量噪声等因素影响,测量噪声方差大约在10^{-4}数量级。采用标准滤波器进行降噪后,输出噪声方差大约在10^{-6}数量级;采用小波卡尔曼滤波方法，输出噪声方差在10^{-7}数量级以内，降噪算法取得了较好的效果，噪声信号得到了明显抑制。由图 5.16 和图 5.17 可知，垂直加速度计和水平加速度计的观测噪声在 200s 左右的时刻点处均发生了较大变化。当采用标准卡尔曼滤波时，由于非标准的观测噪声导致了标准卡尔曼滤波方法滤波性能的下降，如图 5.18 和图 5.19 "普通卡尔曼滤波"所对应的滤波曲线在 200s 处出现明显的波动；由于小波卡尔曼滤波能对观测噪声做出实时估计，并以此做出滤波的自适应修正，因此图 5.18 和图 5.19 中"小波卡尔曼滤波"对应的滤波曲线较为平滑。

此外，由于加速度计的常值偏置、加速度计安装误差等因素的影响，经降噪后加速度计信号仍然与试验现场重力加速度值 $g_0 = 9.79355147\text{m/s}^2$（由大地测量方法预先确定，具有较高精度）存在一定的稳态误差。

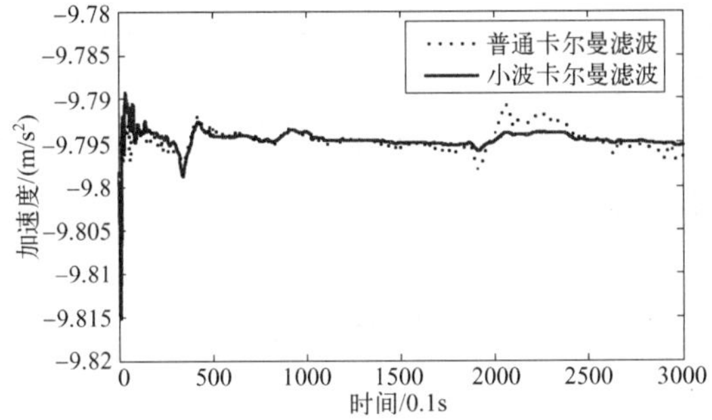

图 5.18　垂直加速度计的降噪后曲线

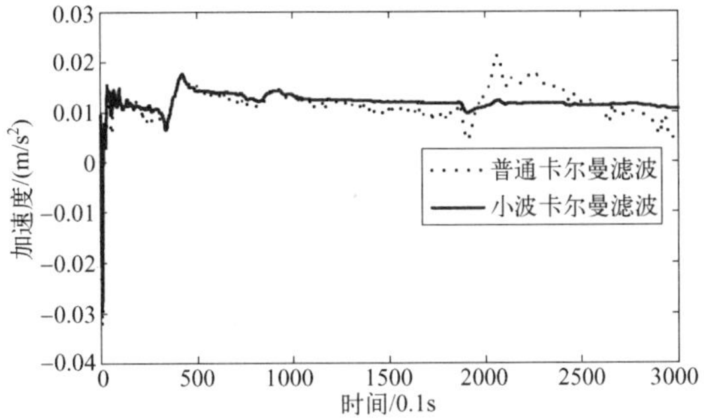

图 5.19　水平加速度计的降噪后曲线

表 5-2　滤波前后加速度计噪声方差强度　（单位：$(\text{m/s}^2)^2$）

滤波方法	垂直加速度计	水平加速度计
未滤波	$2.9073 * 10^{-4}$	$9.9286 * 10^{-4}$
普通卡尔曼滤波	$1.5993 * 10^{-6}$	$8.1665 * 10^{-6}$
小波卡尔曼滤波	$2.3836 * 10^{-7}$	$9.1801 * 10^{-7}$

第 6 章　加速度计安装误差校准方法

在传统惯性导航系统中,惯性器件包括陀螺仪和加速度计。陀螺仪和加速度计的误差都将导致系统精度的下降。相对而言,陀螺仪的误差比加速度计的误差对系统精度的影响更大。由于在无陀螺惯导中,加速度计既作为测量线性运动,又作为测量角运动的惯性器件,同时担当两种角色。因此,加速度计的误差将同时导致姿态解算、速度解算和位置解算的误差。其中角运动测量误差还将进一步对线运动测量误差产生耦合影响,其影响更加不容忽视。加速度计安装时方向或位置存在偏差,都将导致加速度计输出信号的误差。由于加速度计安装误差的重要性,无陀螺惯导对安装误差极为敏感,不经校准将无法工作。

6.1　加速度计安装误差的影响分析

固连于载体之上,安装位置矢量为 $\boldsymbol{u}$,方向矢量为 $\boldsymbol{\theta}$ 的加速度计 A 的理论输出为

$$A(\boldsymbol{u},\boldsymbol{\theta})=(\boldsymbol{u}\times\boldsymbol{\theta})^{\mathrm{T}}\dot{\boldsymbol{\omega}}+\boldsymbol{\theta}^{\mathrm{T}}\boldsymbol{\Omega}^{2}\boldsymbol{u}+\boldsymbol{\theta}^{\mathrm{T}}(\ddot{\boldsymbol{R}}-\boldsymbol{g}) \tag{6.1.1}$$

式中:$\dot{\boldsymbol{\omega}}$为载体角加速度矢量;$\ddot{\boldsymbol{R}}=[\ddot{R}_x \quad \ddot{R}_y \quad \ddot{R}_z]^{\mathrm{T}}$ 为载体坐标系相对惯性系的线加速度;$\boldsymbol{g}$ 为重力加速度;$\boldsymbol{\Omega}$ 是一个与载体角速度矢量 $\boldsymbol{\omega}=[\omega_x \quad \omega_y \quad \omega_z]^{\mathrm{T}}$ 对应的 3×3 斜对称矩阵:

$$\boldsymbol{\Omega}=\begin{bmatrix} 0 & -\omega_z & \omega_y \\ \omega_z & 0 & -\omega_x \\ -\omega_y & \omega_x & 0 \end{bmatrix} \tag{6.1.2}$$

设加速度计 A 的实际安装位置矢量为$\boldsymbol{u}_r$,方向矢量为$\boldsymbol{\theta}_r$,仅考虑加速度计的位置误差时,加速度计的实际输出为

$$A_r(\boldsymbol{u}_r,\boldsymbol{\theta})=(\boldsymbol{u}_r\times\boldsymbol{\theta})^{\mathrm{T}}\dot{\boldsymbol{\omega}}+\boldsymbol{\theta}^{\mathrm{T}}\boldsymbol{\Omega}^{2}\boldsymbol{u}_r+\boldsymbol{\theta}^{\mathrm{T}}(\ddot{\boldsymbol{R}}-\boldsymbol{g}) \tag{6.1.3}$$

结合式(6.1.1)、式(6.1.2)可知,加速度计输出误差为

$$\delta A_1=A_r-A=(\delta\boldsymbol{u}\times\boldsymbol{\theta})^{\mathrm{T}}\dot{\boldsymbol{\omega}}+\boldsymbol{\theta}^{\mathrm{T}}\boldsymbol{\Omega}^{2}\delta\boldsymbol{u} \tag{6.1.4}$$

式中:$\delta\boldsymbol{u}=\boldsymbol{u}_r-\boldsymbol{u}$ 为加速度计安装的位置误差。

仅考虑加速度计的敏感轴误差时，加速度计的实际输出方程为

$$A_r(\boldsymbol{u},\boldsymbol{\theta}_r)=(\boldsymbol{u}\times\boldsymbol{\theta}_r)^{\mathrm{T}}\dot{\boldsymbol{\omega}}+\boldsymbol{\theta}_r^{\mathrm{T}}\boldsymbol{\Omega}^2\boldsymbol{u}+\boldsymbol{\theta}_r^{\mathrm{T}}(\ddot{\boldsymbol{R}}-\boldsymbol{g}) \tag{6.1.5}$$

结合式(6.1.1)、式(6.1.5)可知，加速度计输出误差为

$$\delta A_2=A_r-A=(\boldsymbol{u}\times\delta\boldsymbol{\theta})^{\mathrm{T}}\dot{\boldsymbol{\omega}}+\delta\boldsymbol{\theta}^{\mathrm{T}}\boldsymbol{\Omega}^2\boldsymbol{u}+\delta\boldsymbol{\theta}^{\mathrm{T}}(\ddot{\boldsymbol{R}}-\boldsymbol{g}) \tag{6.1.6}$$

式中：$\delta\boldsymbol{\theta}=\boldsymbol{\theta}_r-\boldsymbol{\theta}$ 为加速度计敏感轴误差。

同时考虑加速度计的位置和方向安装误差，加速度计的实际输出方程为

$$A_r(\boldsymbol{u}_r,\boldsymbol{\theta}_r)=(\boldsymbol{u}_r\times\boldsymbol{\theta}_r)^{\mathrm{T}}\dot{\boldsymbol{\omega}}+\boldsymbol{\theta}_r^{\mathrm{T}}\boldsymbol{\Omega}^2\boldsymbol{u}_r+\boldsymbol{\theta}_r^{\mathrm{T}}(\ddot{\boldsymbol{R}}-\boldsymbol{g}) \tag{6.1.7}$$

结合式(6.1.1)、式(6.1.7)可知，加速度计输出误差为

$$\delta A_3=A_r-A=(\boldsymbol{u}\times\delta\boldsymbol{\theta}+\delta\boldsymbol{u}\times\boldsymbol{\theta})^{\mathrm{T}}\dot{\boldsymbol{\omega}}+\delta\boldsymbol{\theta}^{\mathrm{T}}(\ddot{\boldsymbol{R}}-\boldsymbol{g})+\delta\boldsymbol{\theta}^{\mathrm{T}}\boldsymbol{\Omega}^2\boldsymbol{u}+\boldsymbol{\theta}\boldsymbol{\Omega}^2\delta\boldsymbol{u} \tag{6.1.8}$$

由式(6.1.4)、式(6.1.8)可知，在角运动条件下位置安装误差 $\delta\boldsymbol{u}$ 将产生加速度计的误差；由式(6.1.6)、式(6.1.8)可知，在角运动或线运动条件下敏感轴误差 $\delta\boldsymbol{\theta}$ 均能产生加速度计的误差。此外，由于敏感轴方向 $\delta\boldsymbol{\theta}$ 对重力引力 $\boldsymbol{g}$ 的耦合作用，在静止条件（无角运动和线运动）下，位置安装误差对加速度计输出无影响，敏感轴误差则可能导致加速度计的误差。这种可能性取决于敏感轴误差 $\delta\boldsymbol{\theta}$ 在重力引力 $\boldsymbol{g}$ 上是否有投影。如果有投影，则将导致加速度计输出误差。

由此可见，相对而言，敏感轴误差比位置误差对加速度计的影响更大。实际上，无陀螺惯导安装误差的校正主要是加速度计敏感轴误差的校正。

下面分析加速度计敏感轴误差对无陀螺惯导的导航参数解算误差的影响。

为了便于叙述，这里重写 2.4.2 节典型的 9 加速度计配置方案中线运动和角运动参数解算方程。

$$\begin{bmatrix} p_x \\ p_y \\ p_z \end{bmatrix}=\begin{bmatrix} -A_6+3/4\cdot A_8-3/4\cdot A_9 \\ 3/4\cdot A_1-A_4-3/4\cdot A_7 \\ -3/4\cdot A_2+3/4\cdot A_3-A_5 \end{bmatrix} \tag{6.1.9}$$

$$\begin{bmatrix} \omega_y\omega_z \\ \omega_x\omega_z \\ \omega_x\omega_y \end{bmatrix}=\frac{1}{8L}\begin{bmatrix} -5\cdot A_1+2\cdot A_2-2\cdot A_3+4\cdot A_4+A_7 \\ A_2-5\cdot A_3+4\cdot A_5-2\cdot A_8+2\cdot A_9 \\ -2\cdot A_1+4\cdot A_6+2\cdot A_7-5\cdot A_8+A_9 \end{bmatrix} \tag{6.1.10}$$

$$\begin{bmatrix} \dot{\omega}_x \\ \dot{\omega}_y \\ \dot{\omega}_z \end{bmatrix}=\frac{1}{8L}\begin{bmatrix} 5\cdot A_1+2\cdot A_2-2\cdot A_3-4\cdot A_4-A_7 \\ -A_2+5\cdot A_3-4\cdot A_5-2\cdot A_8+2\cdot A_9 \\ -2\cdot A_1-4\cdot A_6+2\cdot A_7+5\cdot A_8-A_9 \end{bmatrix} \tag{6.1.11}$$

式(6.1.9)~式(6.1.11)是无陀螺惯导解算载体线运动与角运动的基本方程。其导航参数解算流程如图6.1所示。

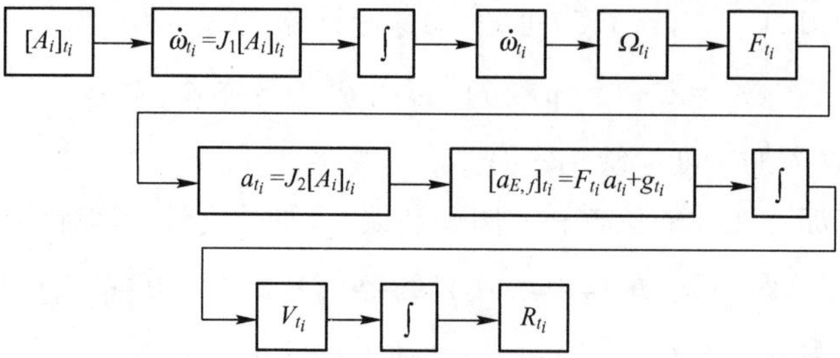

图6.1 无陀螺惯导导航参数解算基本流程

图6.1中显示的计算 ω_{t_i} 的方式只是方式之一,这里实际采用的是利用式(6.1.10)进行角速度的数值计算的。其原因在2.4.2节中已经阐述,这里不再重复。但在本节分析加速度计敏感轴误差对导航参数解算精度的影响时采用图6.1所示的解算方式,这是因为通过式(6.1.10)分析加速度计敏感轴误差与角速度误差之间的关系时,不易形成简洁明了的反映加速度计敏感轴误差和导航参数解算误差之间关系的定量表达式。而采用式(6.1.11)分析由于加速度计敏感轴误差引起的角速度误差时,直观简单。由于式(6.1.10)可以直接解算角速度,因此加速度计的敏感轴误差不会经过一阶积分放大,故通过本节的定量分析也可以反映采用式(6.1.10)计算角速度的优势,即采用式(6.1.10)计算角速度而引起的位置等导航参数的解算误差随时间发散的关系至少比本节分析得到的结论低一阶。

记加速度计的理论输出为 $A(u,\theta)$,实际输出为 $A_r(u,\theta)$,加速度计输出误差为 $A_e(u,\theta)$。类似定义:$\dot{\omega}_e,\omega_e,P_e,P_r,\Omega_e,\Omega_r,F_r,F_e$。记 $W=\ddot{R}_I$,类似定义加速度误差 W_e,速度解算误差 V_e,位置解算误差 R_e。

由式(6.1.9)、式(6.1.11),得

$$\begin{bmatrix} p_e^x \\ p_e^y \\ p_e^z \end{bmatrix} = \begin{bmatrix} -A_e^6+3A_e^8/4+3A_e^9/4 \\ 3A_e^1/4-A_e^7-3A_e^7/4 \\ -3A_e^2/4+3A_e^3/4-A_e^5 \end{bmatrix} \tag{6.1.12}$$

$$\begin{bmatrix} \dot{\omega}_e^x \\ \dot{\omega}_e^y \\ \dot{\omega}_e^z \end{bmatrix} = \frac{1}{8L}\begin{bmatrix} 5A_e^1+2A_e^2-2A_e^3-4A_e^4-A_e^7 \\ -A_e^2+5A_e^3-4A_e^5-2A_e^8+2A_e^9 \\ -2A_e^1-4A_e^6+2A_e^7+5A_e^8-A_e^9 \end{bmatrix} \tag{6.1.13}$$

$$\begin{bmatrix}\omega_e^x\\ \omega_e^y\\ \omega_e^z\end{bmatrix}=\frac{t}{8L}\begin{bmatrix}5A_e^1+2A_e^2-2A_e^3-4A_e^4-A_e^7\\ -A_e^2+5A_e^3-4A_e^5-2A_e^8+2A_e^9\\ -2A_e^1-4A_e^6+2A_e^7+5A_e^8-A_e^9\end{bmatrix} \tag{6.1.14}$$

根据 $\omega\leftrightarrow\Omega$ 的一一对应关系,得

$$\Omega_e=\begin{bmatrix}0 & \omega_e^z & -\omega_e^y\\ -\omega_e^z & 0 & \omega_e^x\\ \omega_e^y & -\omega_e^x & 0\end{bmatrix} \tag{6.1.15}$$

考虑 $\dot{\boldsymbol{F}}=\boldsymbol{\Omega F}$ 的解。

其中:$\boldsymbol{\Omega}=\begin{bmatrix}0 & \omega_z & -\omega_y\\ -\omega_z & 0 & \omega_x\\ \omega_y & -\omega_x & 0\end{bmatrix}$

$$F(t)=\Phi(t,t_0)F(t_0) \tag{6.1.16}$$

其中

$$\begin{aligned}\Phi(t,t_0)=I&+\int_{t_0}^{t}\Omega(\tau)\mathrm{d}\tau+\int_{t_0}^{t}\Omega(\tau)\mathrm{d}\tau\int_{t_0}^{\tau}\Omega(\tau_1)\mathrm{d}\tau_1\\ &+\int_{t_0}^{t}\Omega(\tau)\mathrm{d}\tau\int_{t_0}^{\tau}\Omega(\tau_1)\mathrm{d}\tau_1\int_{t_0}^{\tau_1}\Omega(\tau_2)\mathrm{d}\tau_2+\cdots\end{aligned} \tag{6.1.17}$$

式(6.1.17)称为皮诺-拜克尔级数。

由式(6.1.16)可知:

$$F_e(t)=\Phi_e(t,t_0)F(t_0) \tag{6.1.18}$$

当 $t\rightarrow t_0$,式(6.1.17)的近似解为

$$\Phi(t,t_0)\approx I+\int_{t_0}^{t}\Omega(\tau)\mathrm{d}\tau \tag{6.1.19}$$

故有

$$\Phi_e(t,t_0)=\int_{t_0}^{t}\Omega_e(\tau)\mathrm{d}\tau \tag{6.1.20}$$

$$\int_{t_0}^{t}\begin{bmatrix}\omega_e^x\\ \omega_e^y\\ \omega_e^z\end{bmatrix}\mathrm{d}t=\int_{t_0}^{t}\frac{t}{8L}\begin{bmatrix}5A_e^1+2A_e^2-2A_e^3-4A_e^4-A_e^7\\ -A_e^2+5A_e^3-4A_e^5-2A_e^8+2A_e^9\\ -2A_e^1-4A_e^6+2A_e^7+5A_e^8-A_e^9\end{bmatrix}\mathrm{d}t \tag{6.1.21}$$

$$\Omega_e=\frac{t}{8L}\begin{bmatrix}0 & -2A_e^1-4A_e^6+2A_e^7+5A_e^8-A_e^9\\ -(-2A_e^1-4A_e^6+2A_e^7+5A_e^8-A_e^9) & 0\\ -A_e^2+5A_e^3-4A_e^5-2A_e^8+2A_e^9 & -(5A_e^1+2A_e^2-2A_e^3-4A_e^4-A_e^7)\end{matrix}$$

$$
\left.\begin{matrix} -(-A_e^2+5A_e^3-4A_e^5-2A_e^8+2A_e^9) \\ 5A_e^1+2A_e^2-2A_e^3-4A_e^4-A_e^7 \\ 0 \end{matrix}\right] \tag{6.1.22}
$$

$$
\int_{t_0}^{t}\Omega_e(\tau)\,\mathrm{d}\tau=\frac{(t-t_0)^2}{16L}
\begin{bmatrix} 0 & -2A_e^1-4A_e^6+2A_e^7+5A_e^8-A_e^9 & -(-A_e^2+5A_e^3-4A_e^5-2A_e^8+2A_e^9) \\ -(-2A_e^1-4A_e^6+2A_e^7+5A_e^8-A_e^9) & 0 & 5A_e^1+2A_e^2-2A_e^3-4A_e^4-A_e^7 \\ -A_e^2+5A_e^3-4A_e^5-2A_e^8+2A_e^9 & -(5A_e^1+2A_e^2-2A_e^3-4A_e^4-A_e^7) & 0 \end{bmatrix} \tag{6.1.23}
$$

由式(6.1.16)可以计算得到 $F_e(t)$：

$$
F_e(t)=\frac{(t-t_0)^2}{16L}\begin{bmatrix} 0 & -2A_e^1-4A_e^6+2A_e^7+5A_e^8-A_e^9 & -(-A_e^2+5A_e^3-4A_e^5-2A_e^8+2A_e^9) \\ -(-2A_e^1-4A_e^6+2A_e^7+5A_e^8-A_e^9) & 0 & 5A_e^1+2A_e^2-2A_e^3-4A_e^4-A_e^7 \\ -A_e^2+5A_e^3-4A_e^5-2A_e^8+2A_e^9 & -(5A_e^1+2A_e^2-2A_e^3-4A_e^4-A_e^7) & 0 \end{bmatrix}\cdot \mathrm{F}(\mathrm{t}_0) \tag{6.1.24}
$$

需要说明的是这里计算的比力是 PF，而不是 FP，这是由于前面 Ω 的定义发生改变的原因。但是二者计算出来的 F 是一致的。故比力误差为

$$
\begin{aligned}(\ddot{R}_I-a_g)_r&=F_rP_r=(F+F_e)(P+P_e)\\&=FP+FP_e+F_eP+F_eP_e\end{aligned} \tag{6.1.25}
$$

由式(6.1.25)，得

$$
(\ddot{R}_I-a_g)_e=FP_e+F_eP+F_eP_e \tag{6.1.26}
$$

其中

$$
F(t)=F(t_0)+\frac{(t-t_0)^2}{16L}\left[\begin{matrix} 0 & -2A_1-4A_6+2A_7+5A_8-A_9 \\ -(-2A_1-4A_6+2A_7+5A_8-A_9) & 0 \\ -A_2+5A_3-4A_5-2A_8+2A_9 & -(5A_1+2A_2-2A_3-4A_4-A_7) \end{matrix}\right.
$$

$$
\left.\begin{matrix} -(-A_2+5A_3-4A_5-2A_8+2A_9) \\ 5A_1+2A_2-2A_3-4A_4-A_7 \\ 0 \end{matrix}\right] \cdot F(t_0) \tag{6.1.27}
$$

假设 $F(t_0)=I$，将式(6.1.9)、式(6.1.12)、式(6.1.24)、式(6.1.27)代入式(6.1.26)，得

$$
FP_e=\left(I+\frac{(t-t_0)^2}{16L}\begin{bmatrix} 0 & -2A_1-4A_6+2A_7+5A_8-A_9 & -(-A_2+5A_3-4A_5-2A_8+2A_9) \\ -(-2A_1-4A_6+2A_7+5A_8-A_9) & 0 & 5A_1+2A_2-2A_3-4A_4-A_7 \\ -A_2+5A_3-4A_5-2A_8+2A_9 & -(5A_1+2A_2-2A_3-4A_4-A_7) & 0 \end{bmatrix}\right)
$$

$$
\begin{bmatrix} -A_e^6+3/4\cdot A_e^8-3/4\cdot A_e^9 \\ 3/4\cdot A_e^1-A_e^4-3/4\cdot A_e^7 \\ -3/4\cdot A_e^2+3/4\cdot A_e^3-A_e^5 \end{bmatrix}=\begin{bmatrix} -A_e^6+3/4\cdot A_e^8-3/4\cdot A_e^9 \\ 3/4\cdot A_e^1-A_e^4-3/4\cdot A_e^7 \\ -3/4\cdot A_e^2+3/4\cdot A_e^3-A_e^5 \end{bmatrix}+\frac{(t-t_0)^2}{16L}
$$

$$
\begin{bmatrix} (-2A_1-4A_6+2A_7+5A_8-A_9)(3/4\cdot A_e^1-A_e^4-3/4\cdot A_e^7)-(-A_2+5A_3-4A_5-2A_8+2A_9) \\ (-3/4\cdot A_e^2+3/4\cdot A_e^3-A_e^5) \\ -(-2A_1-4A_6+2A_7+5A_8-A_9)(-A_e^6+3/4\cdot A_e^8-3/4\cdot A_e^9)+(5A_1+2A_2-2A_3-4A_4-A_7) \\ (-3/4\cdot A_e^2+3/4\cdot A_e^3-A_e^5) \\ (-A_2+5A_3-4A_5-2A_8+2A_9)(-A_e^6+3/4\cdot A_e^8-3/4\cdot A_e^9)-(5A_1+2A_2-2A_3-4A_4-A_7) \\ (-3/4\cdot A_e^2+3/4\cdot A_e^3-A_e^5) \end{bmatrix} \tag{6.1.28}
$$

$$
F_eP=\frac{(t-t_0)^2}{16L}\begin{bmatrix} 0 & -2A_e^1-4A_e^6+2A_e^7+5A_e^8-A_e^9 & -(-A_e^2+5A_e^3-4A_e^5-2A_e^8+2A_e^9) \\ -(-2A_e^1-4A_e^6+2A_e^7+5A_e^8-A_e^9) & 0 & 5A_e^1+2A_e^2-2A_e^3-4A_e^4-A_e^7 \\ -A_e^2+5A_e^3-4A_e^5-2A_e^8+2A_e^9 & -(5A_e^1+2A_e^2-2A_e^3-4A_e^4-A_e^7) & 0 \end{bmatrix}
$$

$$
\cdot\begin{bmatrix} -A_6+3/4\cdot A_8-3/4\cdot A_9 \\ 3/4\cdot A_1-A_4-3/4\cdot A_7 \\ -3/4\cdot A_2+3/4\cdot A_3-A_5 \end{bmatrix}=\frac{(t-t_0)^2}{16L}
$$

$$\begin{bmatrix} (-2A_e^1-4A_e^6+2A_e^7+5A_e^8-A_e^9)(3/4\cdot A_1-A_4-3/4\cdot A_7)-(-A_e^2+5A_e^3-4A_e^5-2A_e^8+2A_e^9) \\ (-3/4\cdot A_2+3/4\cdot A_3-A_5) \\ -(-2A_e^1-4A_e^6+2A_e^7+5A_e^8-A_e^9)(-A_6+3/4\cdot A_8-3/4\cdot A_9)+(5A_e^1+2A_e^2-2A_e^3-4A_e^4-A_e^7) \\ (-3/4\cdot A_2+3/4\cdot A_3-A_5) \\ (-A_e^2+5A_e^3-4A_e^5-2A_e^8+2A_e^9)(-A_6+3/4\cdot A_8-3/4\cdot A_9)-(5A_e^1+2A_e^2-2A_e^3-4A_e^4-A_e^7) \\ (3/4\cdot A_1-A_4-3/4\cdot A_7) \end{bmatrix} \tag{6.1.29}$$

$$F_eP_e=\frac{(t-t_0)^2}{16L}$$

$$\begin{bmatrix} 0 & -2A_e^1-4A_e^6+2A_e^7+5A_e^8-A_e^9 & -(-A_e^2+5A_e^3-4A_e^5-2A_e^8+2A_e^9) \\ -(-2A_e^1-4A_e^6+2A_e^7+5A_e^8-A_e^9) & 0 & 5A_e^1+2A_e^2-2A_e^3-4A_e^4-A_e^7 \\ -A_e^2+5A_e^3-4A_e^5-2A_e^8+2A_e^9 & -(5A_e^1+2A_e^2-2A_e^3-4A_e^4-A_e^7) & 0 \end{bmatrix}$$

$$\cdot\begin{bmatrix} -A_e^6+3/4\cdot A_e^8-3/4\cdot A_e^9 \\ 3/4\cdot A_e^1-A_e^4-3/4\cdot A_e^7 \\ -3/4\cdot A_e^2+3/4\cdot A_e^3-A_e^5 \end{bmatrix}=\frac{(t-t_0)^2}{16L}$$

$$\begin{bmatrix} (-2A_e^1-4A_e^6+2A_e^7+5A_e^8-A_e^9)(3/4\cdot A_e^1-A_e^4-3/4\cdot A_e^7)-(-A_e^2+5A_e^3-4A_e^5-2A_e^8+2A_e^9) \\ (-3/4\cdot A_e^2+3/4\cdot A_e^3-A_e^5) \\ -(-2A_e^1-4A_e^6+2A_e^7+5A_e^8-A_e^9)(-A_e^6+3/4\cdot A_e^8-3/4\cdot A_e^9)+(5A_e^1+2A_e^2-2A_e^3-4A_e^4-A_e^7) \\ (-3/4\cdot A_e^2+3/4\cdot A_e^3-A_e^5) \\ (-A_e^2+5A_e^3-4A_e^5-2A_e^8+2A_e^9)(-A_e^6+3/4\cdot A_e^8-3/4\cdot A_e^9)-(5A_e^1+2A_e^2-2A_e^3-4A_e^4-A_e^7) \\ (3/4\cdot A_e^1-A_e^4-3/4\cdot A_e^7) \end{bmatrix} \tag{6.1.30}$$

记惯性系到地理坐标系的旋转矩阵为 $\boldsymbol{C}_i^n$，则沿地理坐标系的加速度误差和速度误差分别为

$$a_e=\boldsymbol{C}_i^n\,(\ddot{R}_I-a_g)_e \tag{6.1.31}$$

$$V_e=\int_{t_0}^{t}\boldsymbol{C}_i^n\,(\ddot{R}_I-a_g)_e\mathrm{d}t \tag{6.1.32}$$

$$(\boldsymbol{C}_i^n)-1V_e=(t-t_0)\cdot\begin{bmatrix} -A_e^6+3/4\cdot A_e^8-3/4\cdot A_e^9 \\ 3/4\cdot A_e^1-A_e^4-3/4\cdot A_e^7 \\ -3/4\cdot A_e^2+3/4\cdot A_e^3-A_e^5 \end{bmatrix}+\frac{(t-t_0)^3}{48L}$$

$$
\begin{bmatrix}
(-2A_1-4A_6+2A_7+5A_8-A_9)(3/4\cdot A_e^1-A_e^4-3/4\cdot A_e^7)-(-A_2+5A_3-4A_5-2A_8+2A_9) \\
(-3/4\cdot A_e^2+3/4\cdot A_e^3-A_e^5) \\
-(-2A_1-4A_6+2A_7+5A_8-A_9)(-A_e^6+3/4\cdot A_e^8-3/4\cdot A_e^9)+(5A_1+2A_2-2A_3-4A_4-A_7) \\
(-3/4\cdot A_e^2+3/4\cdot A_e^3-A_e^5) \\
(-A_2+5A_3-4A_5-2A_8+2A_9)(-A_e^6+3/4\cdot A_e^8-3/4\cdot A_e^9)-(5A_1+2A_2-2A_3-4A_4-A_7) \\
(-3/4\cdot A_e^2+3/4\cdot A_e^3-A_e^5)
\end{bmatrix}
$$

$$
+\frac{(t-t_0)^3}{48L}
\begin{bmatrix}
(-2A_e^1-4A_e^6+2A_e^7+5A_e^8-A_e^9)(3/4\cdot A_1-A_4-3/4\cdot A_7)-(-A_e^2+5A_e^3-4A_e^5-2A_e^8+2A_e^9) \\
(-3/4\cdot A_2+3/4\cdot A_3-A_5) \\
-(-2A_e^1-4A_e^6+2A_e^7+5A_e^8-A_e^9)(-A_6+3/4\cdot A_8-3/4\cdot A_9)+(5A_e^1+2A_e^2-2A_e^3-4A_e^4-A_e^7) \\
(-3/4\cdot A_2+3/4\cdot A_3-A_5) \\
(-A_e^2+5A_e^3-4A_e^5-2A_e^8+2A_e^9)(-A_6+3/4\cdot A_8-3/4\cdot A_9)-(5A_e^1+2A_e^2-2A_e^3-4A_e^4-A_e^7) \\
(3/4\cdot A_1-A_4-3/4\cdot A_7)
\end{bmatrix}
$$

$$
+\frac{(t-t_0)^3}{48L}
\begin{bmatrix}
(-2A_e^1-4A_e^6+2A_e^7+5A_e^8-A_e^9)(3/4\cdot A_e^1-A_e^4-3/4\cdot A_e^7)-(-A_e^2+5A_e^3-4A_e^5-2A_e^8+2A_e^9) \\
(-3/4\cdot A_e^2+3/4\cdot A_e^3-A_e^5) \\
-(-2A_e^1-4A_e^6+2A_e^7+5A_e^8-A_e^9)(-A_e^6+3/4\cdot A_e^8-3/4\cdot A_e^9)+(5A_e^1+2A_e^2-2A_e^3-4A_e^4-A_e^7) \\
(-3/4\cdot A_e^2+3/4\cdot A_e^3-A_e^5) \\
(-A_e^2+5A_e^3-4A_e^5-2A_e^8+2A_e^9)(-A_e^6+3/4\cdot A_e^8-3/4\cdot A_e^9)-(5A_e^1+2A_e^2-2A_e^3-4A_e^4-A_e^7) \\
(3/4\cdot A_e^1-A_e^4-3/4\cdot A_e^7)
\end{bmatrix}
\tag{6.1.33}
$$

根据 $R_e=\int_{t_0}^{t}V_e\mathrm{d}t$,同理,得

$$
(\boldsymbol{C}_i^n)^{-1}R_e=\frac{(t-t_0)^2}{2}\cdot
\begin{bmatrix}
-A_e^6+3/4\cdot A_e^8-3/4\cdot A_e^9 \\
3/4\cdot A_e^1-A_e^4-3/4\cdot A_e^7 \\
-3/4\cdot A_e^2+3/4\cdot A_e^3-A_e^5
\end{bmatrix}
+\frac{(t-t_0)^4}{192L}
$$

$$\begin{bmatrix} (-2A_1-4A_6+2A_7+5A_8-A_9)(3/4\cdot A_e^1-A_e^4-3/4\cdot A_e^7)-(-A_2+5A_3-4A_5-2A_8+2A_9) \\ (-3/4\cdot A_e^2+3/4\cdot A_e^3-A_e^5) \\ -(-2A_1-4A_6+2A_7+5A_8-A_9)(-A_e^6+3/4\cdot A_e^8-3/4\cdot A_e^9)+(5A_1+2A_2-2A_3-4A_4-A_7) \\ (-3/4\cdot A_e^2+3/4\cdot A_e^3-A_e^5) \\ (-A_2+5A_3-4A_5-2A_8+2A_9)(-A_e^6+3/4\cdot A_e^8-3/4\cdot A_e^9)-(5A_1+2A_2-2A_3-4A_4-A_7) \\ (-3/4\cdot A_e^2+3/4\cdot A_e^3-A_e^5) \end{bmatrix}$$

$$+\frac{(t-t_0)^4}{192L}$$

$$\begin{bmatrix} (-2A_e^1-4A_e^6+2A_e^7+5A_e^8-A_e^9)(3/4\cdot A_1-A_4-3/4\cdot A_7)-(-A_e^2+5A_e^3-4A_e^5-2A_e^8+2A_e^9) \\ (-3/4\cdot A_2+3/4\cdot A_3-A_5) \\ -(-2A_e^1-4A_e^6+2A_e^7+5A_e^8-A_e^9)(-A_6+3/4\cdot A_8-3/4\cdot A_9)+(5A_e^1+2A_e^2-2A_e^3-4A_e^4-A_e^7) \\ (-3/4\cdot A_2+3/4\cdot A_3-A_5) \\ (-A_e^2+5A_e^3-4A_e^5-2A_e^8+2A_e^9)(-A_6+3/4\cdot A_8-3/4\cdot A_9)-(5A_e^1+2A_e^2-2A_e^3-4A_e^4-A_e^7) \\ (3/4\cdot A_1-A_4-3/4\cdot A_7) \end{bmatrix}$$

$$+\frac{(t-t_0)^4}{192L}$$

$$\begin{bmatrix} (-2A_e^1-4A_e^6+2A_e^7+5A_e^8-A_e^9)(3/4\cdot A_e^1-A_e^4-3/4\cdot A_e^7)-(-A_e^2+5A_e^3-4A_e^5-2A_e^8+2A_e^9) \\ (-3/4\cdot A_e^2+3/4\cdot A_e^3-A_e^5) \\ -(-2A_e^1-4A_e^6+2A_e^7+5A_e^8-A_e^9)(-A_e^6+3/4\cdot A_e^8-3/4\cdot A_e^9)+(5A_e^1+2A_e^2-2A_e^3-4A_e^4-A_e^7) \\ (-3/4\cdot A_e^2+3/4\cdot A_e^3-A_e^5) \\ (-A_e^2+5A_e^3-4A_e^5-2A_e^8+2A_e^9)(-A_e^6+3/4\cdot A_e^8-3/4\cdot A_e^9)-(5A_e^1+2A_e^2-2A_e^3-4A_e^4-A_e^7) \\ (3/4\cdot A_e^1-A_e^4-3/4\cdot A_e^7) \end{bmatrix}$$

(6.1.34)

式(6.1.33)、式(6.1.34)表明载体的速度误差由于加速度计敏感轴误差的存在，与 t^3 成正比关系，位置误差与 t^4 成正比关系，因此必须对加速度计的敏感轴误差加以补偿。

6.2 加速度计安装误差校准原理

Tan 在文献[13]中提出了一种无陀螺惯导加速度计安装误差校准的“两步法”，其基本思路是：①在静态条件下（线运动、角运动皆为零），利用重力加速度校准加速度计敏感轴方向矢量;②在匀速旋转条件下(线运动、切向加速度为零),利用向心加速度校准加速度计安装的位置矢量。

完成加速度计安装误差校准之后,再依据式(6.1.8)实现加速度计的输出补偿。

1. 敏感轴误差的校准

在静态条件下,$\ddot{\boldsymbol{R}}$、$\dot{\boldsymbol{\omega}}$、$\boldsymbol{\Omega}$ 皆为零,由式(6.1.7)可知,此时加速度计的输出为

$$A_r(\boldsymbol{u}_r,\boldsymbol{\theta}_r)=\boldsymbol{\theta}_r^{\mathrm{T}}(-\boldsymbol{g})=<-\boldsymbol{g},\boldsymbol{\theta}_r> \tag{6.2.1}$$

一般取$\boldsymbol{\theta}_r$ 为载体坐标系下的加速度计实际安装方向矢量,$\boldsymbol{g}$ 也应该为重力加速度在载体坐标系下的投影分量$\boldsymbol{g}^b$。

设惯性坐标系 i 为 $O-XYZ$,沿 OX、OY、OZ 轴正向的单位方向矢量为 $\boldsymbol{i}$、$\boldsymbol{j}$、$\boldsymbol{k}$。$\boldsymbol{i}=[1\quad 0\quad 0]^{\mathrm{T}}$,$\boldsymbol{j}=[0\quad 1\quad 0]^{\mathrm{T}}$、$\boldsymbol{k}=[0\quad 0\quad 1]^{\mathrm{T}}$。重力加速度计沿 OZ 轴负向,$\boldsymbol{g}^i=-g_0\boldsymbol{k}$($\boldsymbol{g}^i$ 为惯性系下重力加速度矢量,g_0 是重力加速度大小)。

将载体坐标系(b 系)沿 OX 轴正向旋转 90°(旋转前载体坐标系 b 与惯性系 i 重合),此时,则重力加速度在载体坐标系中投影为$\boldsymbol{g}^b=-g_0\boldsymbol{j}$,记录此时加速度计输出为 $A_{r(1)}=g_0<\boldsymbol{j},\boldsymbol{\theta}_r>$。同样沿 OY、OZ 旋转 b 系,载体坐标系中重力加速度投影分别为 $g_0\boldsymbol{i}$、$-g_0\boldsymbol{k}$,加速度计输出分别记录为 $A_{r(2)}=g_0<\boldsymbol{i},\boldsymbol{\theta}_r>$、$A_{r(3)}=g_0<\boldsymbol{k},\boldsymbol{\theta}_r>$。因此,加速度计的实际敏感轴矢量可通过重力效应由这 3 次加速度计输出确定:

$$\boldsymbol{\theta}_r=\frac{1}{g_0}(-A_{r(2)}\boldsymbol{i}+A_{r(1)}\boldsymbol{j}+A_{r(3)}\boldsymbol{k}) \tag{6.2.2}$$

利用实际值$\boldsymbol{\theta}_r$ 和标称值 $\boldsymbol{\theta}$ 即可实现加速度计的敏感轴误差的校准和补偿。

2. 位置安装误差的校准

将安装 6 加速度计的正六面体放在一个水平角为 β 的锲子上,并一起放置在旋转台上,旋转轴分别在①$X-Z$ 平面(图 6.2)、②$Y-Z$ 平面、③$X-Y$ 平面内,旋转台的恒定转速为 ω_0,在 3 种情况下载体角速度、重力加速度在载体坐标系 b 中的投影分别为

$$\boldsymbol{\omega}_{(1)}=\omega_0[\cos\beta\quad 0\quad \sin\beta]^{\mathrm{T}},\boldsymbol{g}_{(1)}^b=g_0[\cos\beta\quad 0\quad \sin\beta]^{\mathrm{T}}$$

$$\boldsymbol{\omega}_{(2)}=\omega_0[0\quad \cos\beta\quad \sin\beta]^{\mathrm{T}},\boldsymbol{g}_{(2)}^b=g_0[0\quad \cos\beta\quad \sin\beta]^{\mathrm{T}}$$

$$\boldsymbol{\omega}_{(3)}=\omega_0[\cos\beta\quad \sin\beta\quad 0]^{\mathrm{T}},\boldsymbol{g}_{(3)}^b=g_0[\cos\beta\quad \sin\beta\quad 0]^{\mathrm{T}}$$

又因为在匀速转动条件下,$\ddot{\boldsymbol{R}}$、$\dot{\boldsymbol{\omega}}$均为零,由式(2.2.7)可知,3 种情况下加速度计的输出分别为

$$A_{(n)}=\boldsymbol{\theta}_r^{\mathrm{T}}\boldsymbol{g}_{(n)}^b+\boldsymbol{\theta}_r^{\mathrm{T}}\boldsymbol{\Omega}_{(n)}^2\boldsymbol{u}_r \tag{6.2.3}$$

式中:$\boldsymbol{\Omega}_{(n)}$ 为由$\boldsymbol{\omega}_{(n)}$ 确定的斜对称矩阵,$n=1,2,3$。

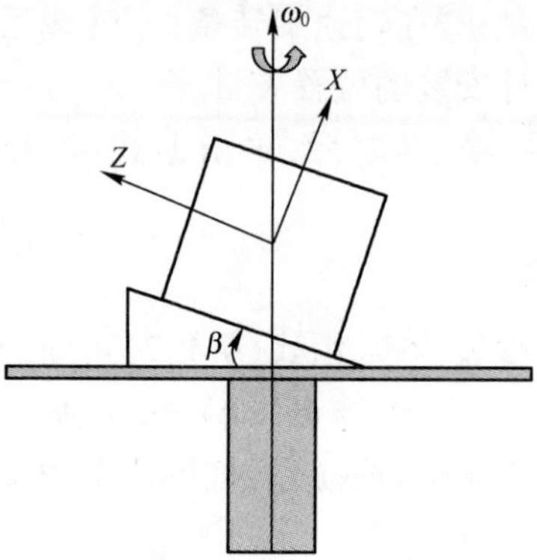

图 6.2　位置矢量的校准

由式(6.2.3),得

$$\boldsymbol{u}_r = \begin{bmatrix} \boldsymbol{\theta}_r^{\mathrm{T}}\ \boldsymbol{\Omega}_{(1)}^2 \\ \boldsymbol{\theta}_r^{\mathrm{T}}\ \boldsymbol{\Omega}_{(2)}^2 \\ \boldsymbol{\theta}_r^{\mathrm{T}}\ \boldsymbol{\Omega}_{(3)}^2 \end{bmatrix}^{-1} \begin{bmatrix} A_{(1)} - \boldsymbol{\theta}_r^{\mathrm{T}}\ \boldsymbol{g}_{(1)}^b \\ A_{(2)} - \boldsymbol{\theta}_r^{\mathrm{T}}\ \boldsymbol{g}_{(2)}^b \\ A_{(3)} - \boldsymbol{\theta}_r^{\mathrm{T}}\ \boldsymbol{g}_{(3)}^b \end{bmatrix} \tag{6.2.4}$$

利用实际值$\boldsymbol{u}_r$和标称值$\boldsymbol{u}$即可实现加速度计的位置误差的校准和补偿。

利用重力效应和载体旋转产生的向心加速度,分别依据式(6.2.2)、式(6.2.4)校准补偿加速度计的敏感轴误差、位置误差之后,然后依据式(6.1.8)对加速度计输出进行补偿。整个校准过程如图 6.3 所示。

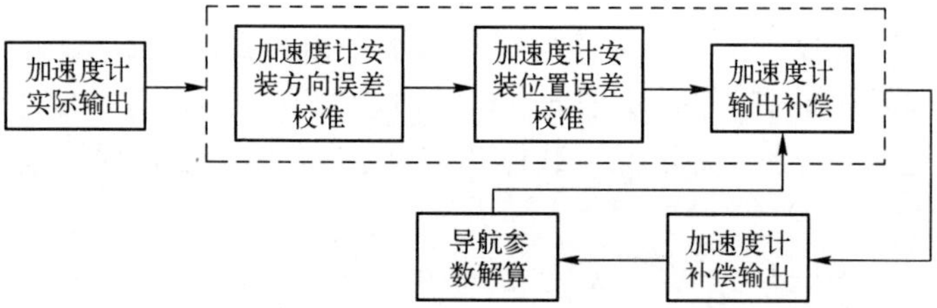

图 6.3　加速度计安装误差"两步法"校准及补偿流程

加速度计安装误差校准分两步完成。敏感轴误差校正和安装位置误差校正,可以称之为"两步法"。在敏感轴误差校准中需要在水平台上 3 次翻转加速度计组合,每次翻转之后需先调平再测量,因此还需要 3 次调平水平台和 3 次测量加速度计输出。在位置安装误差校准中,一个水平角为β的楔子放置在水平旋转台上,无陀螺惯导加速度计组合放置在楔子之上,该步骤中需要在楔子上翻转 3 次加速度计组合,3 次调平水平台和 3 次测量加速度计输出。完成上述校准过程,共需 6 次翻转加速度计组合、6 次调平和 6 次测量加速度输出。

6.3 一种简化的安装误差校准方法

为了简化 6.2 节中安装误差校准过程,这里介绍一种易于实现的加速度计安装误差校准新方法,其基本思想是变“二步”为“一步”,能同时进行敏感轴和安装位置的校准。

首先将加速度计组合放在一个水平角为 β 的楔子上,并一起放置在水平旋转台上,旋转轴分别在①$X-Z$ 平面(图 6.2)、②$Y-Z$ 平面、③$X-Y$ 平面内。该过程与“两步法”的步骤一致,不同的是针对这 3 种情况,旋转台先后以 ω_1、ω_2 两种不同速率匀速转动($\omega_1 \neq \omega_2$)。记$\boldsymbol{g}^b_{(i)}$、$\boldsymbol{\omega}_{i(j)}$、$A_{i(j)}$ 分别是在 j 情况下负重力加速度在载体坐标系 b 中的投影、旋转角速度 ω_i 在载体坐标系 b 中的投影以及对应的加速度计输出($i=1,2;j=1,2,3$)。

对于情况①,负重力加速度在载体坐标系 b 中的投影$\boldsymbol{g}^b_{(1)}$,旋转角速度 ω_1、ω_2 在载体坐标系 b 中的投影$\boldsymbol{\omega}_{1(1)}$、$\boldsymbol{\omega}_{2(1)}$以及对应的加速度计的输出 $A_{1(1)}$、$A_{2(1)}$分别为

$$\begin{cases}\boldsymbol{g}^b_{(1)} = g_0[\cos\beta \quad 0 \quad \sin\beta]^{\mathrm{T}} \\ \boldsymbol{\omega}_{1(1)} = \omega_1[\cos\beta \quad 0 \quad \sin\beta]^{\mathrm{T}}, \boldsymbol{\omega}_{2(1)} = \omega_2[\cos\beta \quad 0 \quad \sin\beta]^{\mathrm{T}} \\ A_{1(1)} = \boldsymbol{\theta}_r^{\mathrm{T}} \boldsymbol{g}^b_{(1)} + \omega_1^2 \boldsymbol{\theta}_r^{\mathrm{T}} \boldsymbol{P}^2_{(1)} \boldsymbol{u}_r, A_{2(1)} = \boldsymbol{\theta}_r^{\mathrm{T}} \boldsymbol{g}^b_{(1)} + \omega_2^2 \boldsymbol{\theta}_r^{\mathrm{T}} \boldsymbol{P}^2_{(1)} \boldsymbol{u}_r\end{cases} \tag{6.3.1}$$

式中:$\boldsymbol{P}_{(1)}$为$[\cos\beta \quad 0 \quad \sin\beta]^{\mathrm{T}}$ 对应的斜对称矩阵。

由式(6.3.1)可知,$\boldsymbol{\theta}_r^{\mathrm{T}} \boldsymbol{g}^b_{(1)} = \dfrac{\omega_2^2 A_{1(1)} - \omega_1^2 A_{2(1)}}{\omega_2^2 - \omega_1^2}$,$\boldsymbol{\theta}_r^{\mathrm{T}} \boldsymbol{P}^2_{(1)} \boldsymbol{u}_r = \dfrac{A_{1(1)} - A_{2(1)}}{\omega_1^2 - \omega_2^2}$。

令 $B_{(1)} = \dfrac{\omega_2^2 A_{1(1)} - \omega_1^2 A_{2(1)}}{\omega_2^2 - \omega_1^2}$,则

$$\boldsymbol{\theta}_r^{\mathrm{T}} \boldsymbol{g}^b_{(1)} = B_{(1)} \tag{6.3.2}$$

令 $C_{(1)} = \dfrac{A_{1(1)} - A_{2(1)}}{\omega_1^2 - \omega_2^2}$,则

$$\boldsymbol{\theta}_r^{\mathrm{T}} \boldsymbol{P}^2_{(1)} \boldsymbol{u}_r = C_{(1)} \tag{6.3.3}$$

对于情况②、③,同理可得

$$
\begin{cases}
\boldsymbol{\theta}_r^{\mathrm{T}}\boldsymbol{g}_{(2)}^b = B_{(2)} \\
\boldsymbol{\theta}_r^{\mathrm{T}}\boldsymbol{g}_{(3)}^b = B_{(3)} \\
\boldsymbol{\theta}_r^{\mathrm{T}}\boldsymbol{P}_{(2)}^2\boldsymbol{u}_r = C_{(2)} \\
\boldsymbol{\theta}_r^{\mathrm{T}}\boldsymbol{P}_{(3)}^2\boldsymbol{u}_r = C_{(3)}
\end{cases} \tag{6.3.4}
$$

式中：$B_{(i)} = \dfrac{\omega_2^2 A_{1(i)} - \omega_1^2 A_{2(i)}}{\omega_2^2 - \omega_1^2}$；$C_{(i)} = \dfrac{A_{1(i)} - A_{2(i)}}{\omega_1^2 - \omega_2^2}(i=2,3)$。

因此，有如下表达式：

$$
\begin{cases}
\boldsymbol{\theta}_r^{\mathrm{T}}[\boldsymbol{g}_{(1)}^b \quad \boldsymbol{g}_{(2)}^b \quad \boldsymbol{g}_{(3)}^b] = [B_{(1)} \quad B_{(2)} \quad B_{(3)}] \\
\begin{bmatrix} \boldsymbol{\theta}_r^{\mathrm{T}}\boldsymbol{P}_{(1)}^2 \\ \boldsymbol{\theta}_r^{\mathrm{T}}\boldsymbol{P}_{(2)}^2 \\ \boldsymbol{\theta}_r^{\mathrm{T}}\boldsymbol{P}_{(3)}^2 \end{bmatrix} \boldsymbol{u}_r = \begin{bmatrix} C_{(1)} \\ C_{(2)} \\ C_{(3)} \end{bmatrix}
\end{cases} \tag{6.3.5}
$$

$$
\begin{cases}
\boldsymbol{\theta}_r^{\mathrm{T}} = [B_{(1)} \quad B_{(2)} \quad B_{(3)}][\boldsymbol{g}_{(1)}^b \quad \boldsymbol{g}_{(2)}^b \quad \boldsymbol{g}_{(3)}^b]^{-1} \\
\boldsymbol{u}_r = \begin{bmatrix} \boldsymbol{\theta}_r^{\mathrm{T}}\boldsymbol{P}_{(1)}^2 \\ \boldsymbol{\theta}_r^{\mathrm{T}}\boldsymbol{P}_{(2)}^2 \\ \boldsymbol{\theta}_r^{\mathrm{T}}\boldsymbol{P}_{(3)}^2 \end{bmatrix}^{-1} \begin{bmatrix} C_{(1)} \\ C_{(2)} \\ C_{(3)} \end{bmatrix}
\end{cases} \tag{6.3.6}
$$

为了保证式(6.3.6)中矩阵可逆，β 不能任意取值，如不能为 0°、45°、90°等。必须在水平旋转台上放置一个合适的楔子。由式(6.3.6)即可同时实现加速度计的敏感轴和位置的校准，在确定 $\boldsymbol{\theta}_r$、$\boldsymbol{u}_r$ 之后再依据式(6.1.8)对加速度计的输出进行补偿。校准及补偿流程如图 6.4 所示。相对"两步法"而言，"一步法"实际上是省略了步骤(1)，只是在步骤(2)的每次翻转、调平后(共 3 次)，以两种转速 ω_1 和 ω_2 控制水平旋转台转动，共测量 6 次以同时校准加速度计的敏感轴和位置矢量。完成上述校准过程，只需 3 次翻转加速度计组合，3 次调平，从而简化了校准过程。

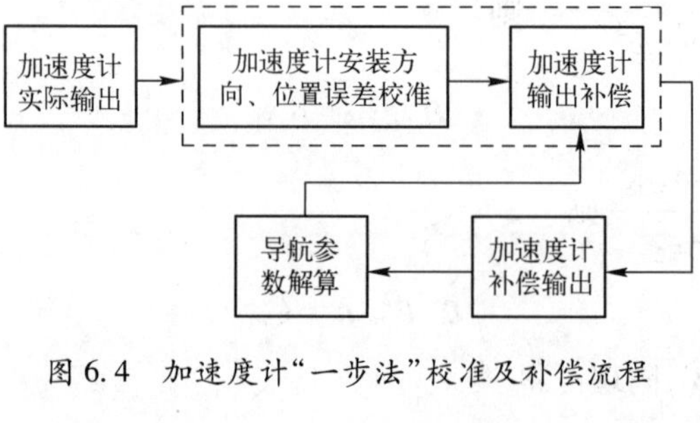

图 6.4　加速度计"一步法"校准及补偿流程

6.4 仿真

6.4.1 基于数字仿真的安装误差校准一般方法

对无陀螺惯导中的加速度计安装误差进行校准补偿方法进行数字仿真，条件设定如下：

(1) 载体在 XOY 平面内作幅值为 15m 的正弦线运动，满足关系 $X=t, Y=\sin(t)$，(t 为时间)；

(2) 载体角加速度为 0，角速度为：$[\omega_x \quad \omega_y \quad \omega_z]^T = [0.02 \quad 0.03 \quad 0.01]$ rad/s；

(3) 加速度计杆臂长度 $n=10$cm；

(4) 锲子的水平角 $\beta=30°$；

(5) 仿真计算步长 $\Delta t=0.01$s；

(6) 仿真时间为 50s。

在没有任何安装误差的理想情况下，载体的运动轨迹如图 6.5 所示。

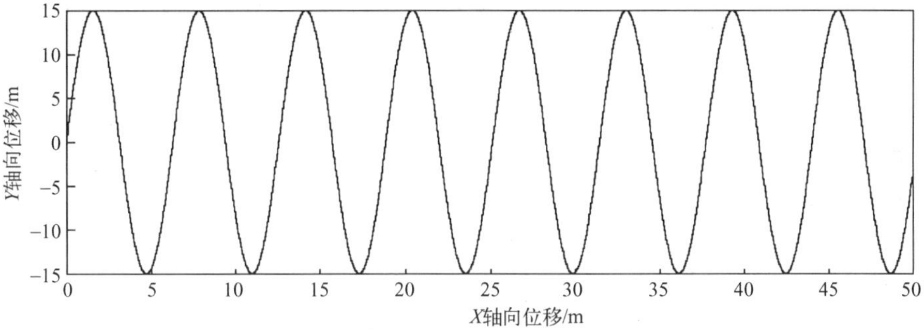

图 6.5 无安装误差时系统运动轨迹

当无陀螺惯导中某一加速度计实际安装的位置矢量为 $0.1[0.05 \quad 0 \quad -1]^T$，存在位置误差 $0.1[0.05 \quad 0 \quad 0]^T$；方向矢量为 $\frac{1}{\sqrt{2}}[1.0001 \quad 1 \quad 0]^T$，存在误差 $\frac{1}{\sqrt{2}}[0.0001 \quad 0 \quad 0]^T$ 时，载体的运动轨迹如图 6.6 所示。

采用图 6.3 所示流程，对加速度计安装的方向和位置误差实施校准补偿后的载体运动轨迹如图 6.7 所示。

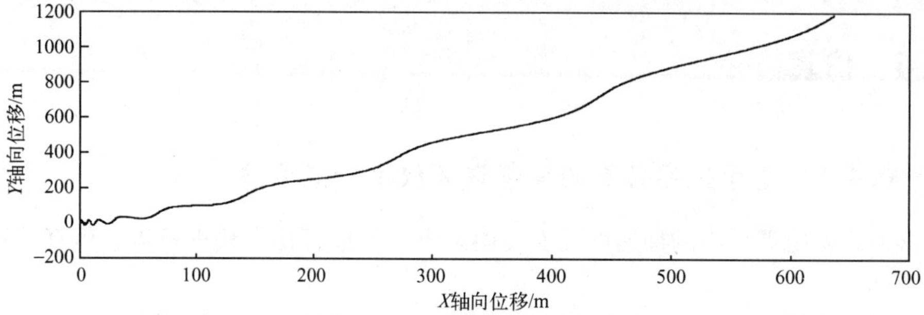

图 6.6　存在方向和位置误差时系统运动轨迹

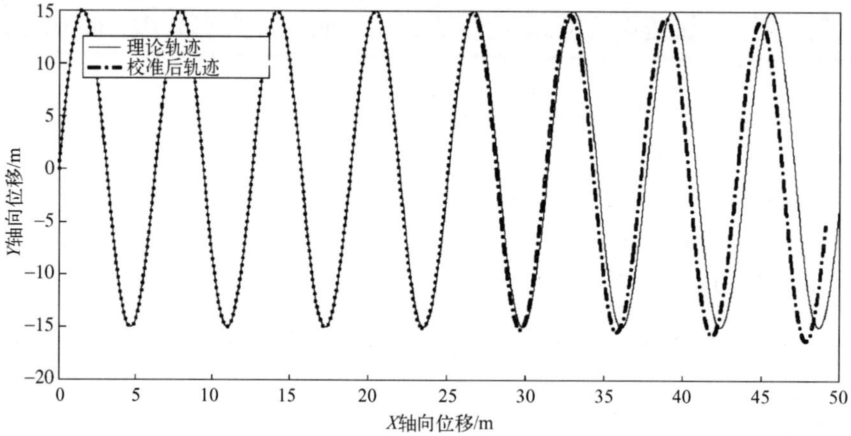

图 6.7　校准后系统运动轨迹

由仿真结果可以发现，当存在一定的安装误差时（图 6.6），无陀螺惯导经起始阶段一小段正弦运动后迅速发散，系统无法正常工作。当采用了安装误差补偿之后（图 6.7），在时间 $t=50\text{s}$ 时刻，X 轴向位移精度提高了 661.6 倍；Y 轴向位移精度提高了 881.4 倍。同时可以发现，随着时间增长，系统的校准补偿精度有所下降。这种误差是原理性误差，无法根本消除，主要有两方面的原因：①从无陀螺惯导本身考虑，导航解算误差必定是随时间积累的；②从加速度计补偿角度考虑，利用式（6.1.8）进行加速度计输出补偿时，利用载体前一时刻的运动参数补偿后一时刻的加速度计输出，必定存在误差。

6.4.2　基于数字仿真的安装误差校准简化方法

在满足以下条件时，对加速度计校准与补偿简化方法进行仿真：

（1）载体质心在 XOY 平面以 $\rho=0.01\text{rad/s}_2$ 转速逆时针做半径 $r=15\text{m}$ 的逆时针加速圆周运动；

（2）载体角加速度为0，角速度为：$[\omega_x \quad \omega_y \quad \omega_z]^T=[0.02 \quad 0.03 \quad 0.01]$rad/s；

（3）加速度计杆臂长度 $L=10$cm；

（4）楔子的水平角 $\beta=30°$；

（5）$\omega_1=5(°)/s$，$\omega_2=15(°)/s$；

（6）仿真计算步长 $\Delta t=0.01$s；

（7）仿真时间为60s。

设无陀螺惯导中某一加速度计安装方向矢量标称值为 $[1 \quad 1 \quad 0]^T/\sqrt{2}$，位置矢量标称值为 $0.1[0 \quad 0 \quad -1]^T$，在以下4种情况下分别对无陀螺惯导系统进行了仿真：

（a）当实际安装的位置矢量为 $0.1[0 \quad 0.05 \quad -1]^T$，存在位置误差 $0.1[0 \quad 0.05 \quad 0]^T$ 时，无陀螺惯导解算的载体运动轨迹如图6.8所示。

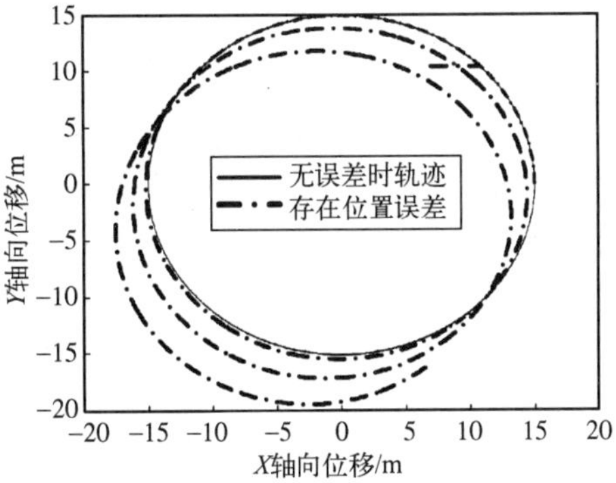

图6.8　载体运动轨迹

（b）当实际安装的方向矢量为 $[1 \quad 1.0001 \quad 0]^T/\sqrt{2}$，存在误差 $[0 \quad 0.0001 \quad 0]^T/\sqrt{2}$ 时，载体的运动轨迹如图6.9所示。

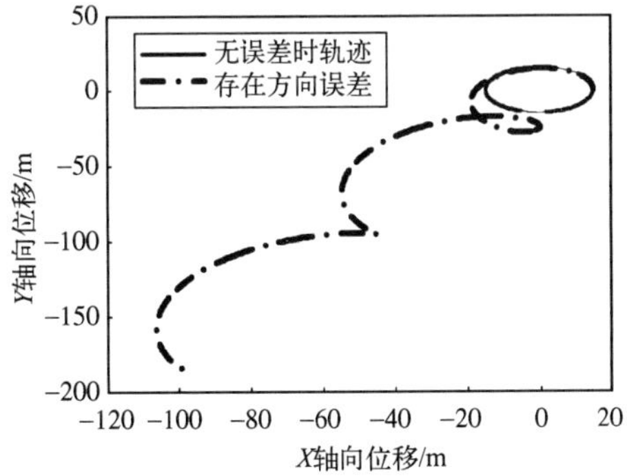

图6.9　载体运动轨迹

（c）当同时存在两种误差时，载体的运动轨迹如图 6. 10 所示。

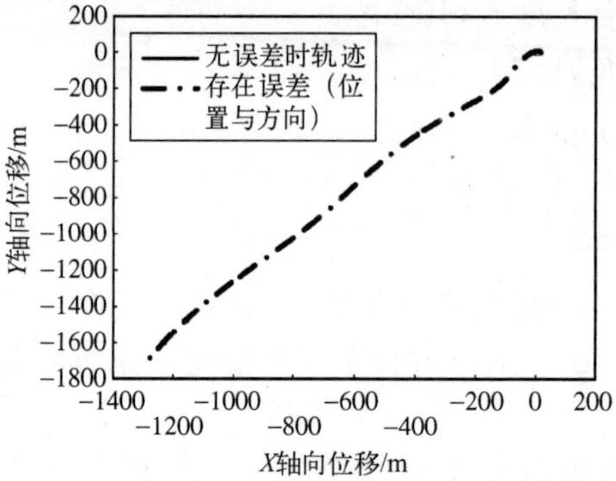

图 6. 10　载体运动轨迹

（d）采用校准方法对两种安装误差进行校准及补偿方法后，载体运动轨迹如图 6. 11 所示。

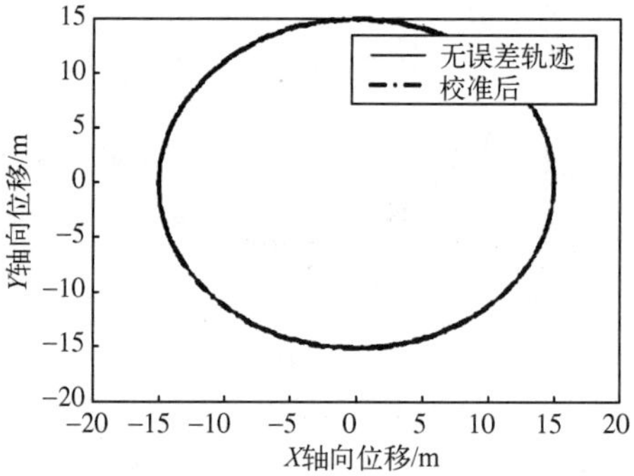

图 6. 11　载体运动轨迹

安装误差对系统精度的影响随时间增大而增大，如图 6. 12、图 6. 13 所示。

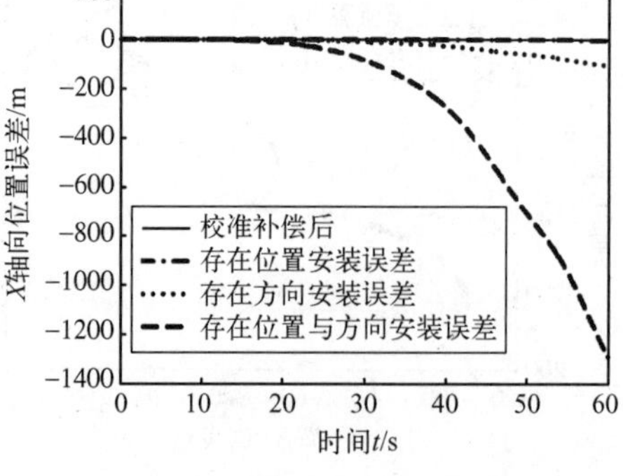

图 6. 12　位移误差随时间的变化

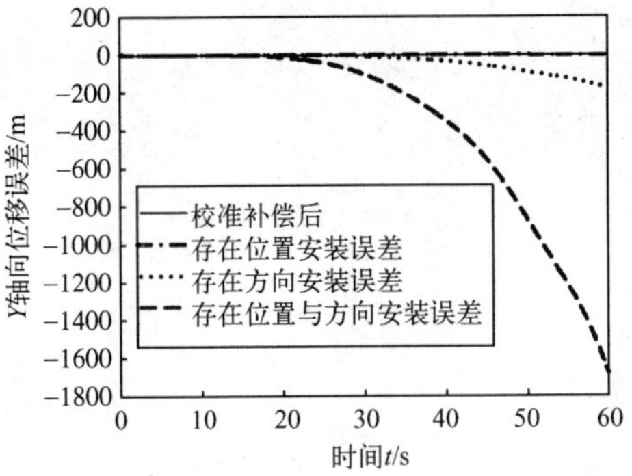

图 6.13　位移误差随时间的变化

由仿真结果可见,加速度计安装的方向误差对系统精度的影响比位置误差更显著一些。但是两种误差同时存在时,系统精度将迅速恶化。若不采取必要的校准及补偿措施,系统将无法工作。采取合适的方法补偿后,系统精度在 X 轴向和 Y 轴向均有显著提高。

补偿之后仍存在一定的、随时间增加的残余误差。这种误差是原理性误差,无法根本消除,主要有两方面的原因:从无陀螺惯导本身考虑,导航解算误差必定是随时间积累的;从加速度计输出补偿角度考虑,利用式(6.1.8)进行加速度计输出补偿时,利用载体前一时刻的运动参数补偿后一时刻的加速度计输出,必定存在量化误差。

6.5　加速度计安装误差校准试验

从 6.1 节分析可知,相对而言,敏感轴误差 $\delta\boldsymbol{\theta}$ 比位置安装误差 $\delta\boldsymbol{u}$ 对加速度计输出影响更大一些。在静态条件下,加速度计的位置安装误差 $\delta\boldsymbol{u}$ 不会对加速度计的输出造成任何影响。在静态水平的条件下针对 GFIMU 试验装置 9 个加速度计的敏感轴误差进行实测数据的校准试验,试验转台如图 6.14 所示。

校准试验的主要过程简述如下:

(1) 将 GFIMU 试验装置放置在转台水平的中心位置。GFIMU 试验装置的 OZ 轴正向指向天顶,OX 轴、OY 轴指向水平,如图 6.15 所示。将试验室位置转台用高精度水平仪调整水平,转台稳定后启动试验装置电源,记录 9 加速度计的 9 组输出数据,记录时间为 5min。对于 9 个加速度计的输出数据采用 5.2 节或 5.3 节所述滤波方法处理后再取该段时间内的平均值,记为$\overline{A}_i^{(1)}$,$(i=1,2,\cdots,9)$。

图 6.14　加速度计安装误差校准试验转台

（2）关闭电源系统，转动 GFIMU 试验装置，使其 OX 轴指向天顶，OY 轴、OZ 轴指向水平，如图 6.16 所示。重新调整转台水平，转台稳定后再次启动试验装置电源，记录 9 加速度计 9 组输出数据，记录时间为 5min。采用同步骤（1）一样的数据处理方法，得到加速度计的值为$\overline{A}_i^{(2)}$，$(i=1,2,\cdots,9)$。

（3）关闭电源系统，转动 GFIMU 试验装置，使其 OY 轴指向天顶，OX 轴、OZ 轴指向水平，如图 6.17 所示。重新调整转台水平，转台稳定后再次启动试验装置电源，记录 9 加速度计 9 组输出数据。采用同步骤（1）一样的数据处理方法，得到加速度计的值为$\overline{A}_i^{(3)}$，$(i=1,2,\cdots,9)$。

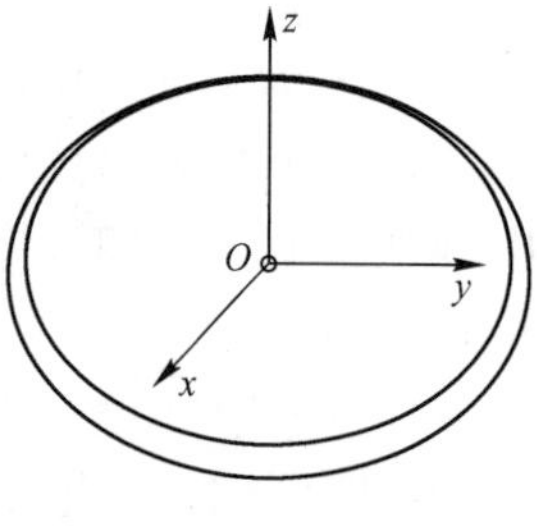

图 6.15　位置一

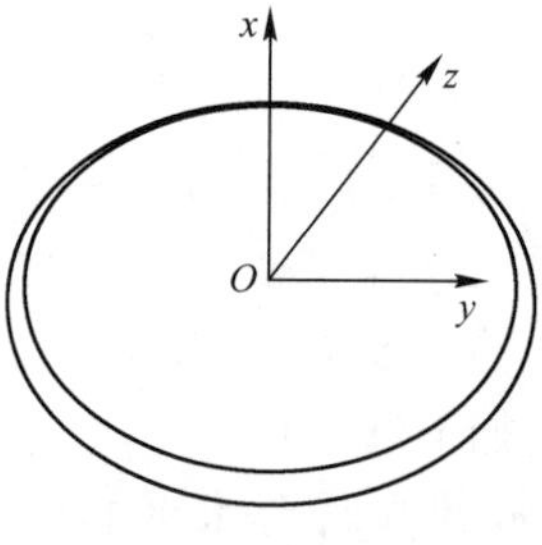

图 6.16　位置二

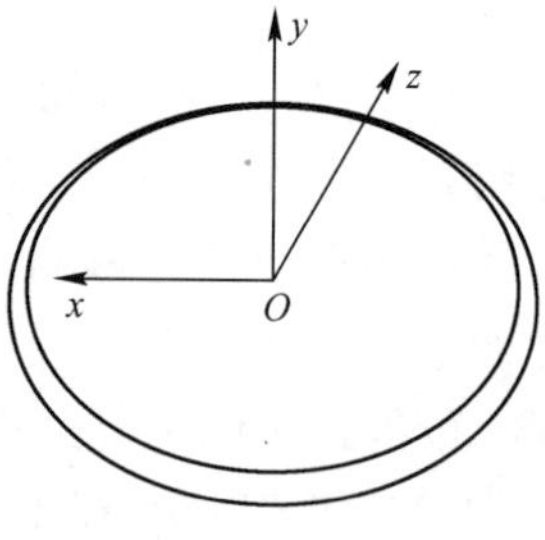

图 6.17　位置三

则加速度计的实际安装方向矢量为

$$\boldsymbol{\theta}_{ri}=\begin{bmatrix}\dfrac{\overline{A}_i^{(2)}}{g_0} & \dfrac{\overline{A}_i^{(3)}}{g_0} & \dfrac{\overline{A}_i^{(1)}}{g_0}\end{bmatrix}^{\mathrm{T}}(i=1,2,\cdots,9) \tag{6.5.1}$$

几点注意：

（1）试验时要选择晚间人员走动较少的时机为好。

（2）每次启动电源时由于电源系统的波动会造成加速度计在启动初始阶段（约 1~2 min）信号不稳定，数据处理时应该将该阶段数据剔除。

试验所得的 9 加速度计的敏感轴误差如表 6-1 所列。

表 6-1 加速度计安装误差校准试验数据

序号	理论安装方向	实际安装方向	敏感轴误差
1	$[0\ \ -1\ \ 0]^T$	$[0.0023\ \ -1.0000\ \ 0.0008]^T$	$[0.0023\ \ 0\ \ 0.0008]^T$
2	$[0\ \ 0\ \ -1]^T$	$[-0.0000\ \ -0.0010\ \ -1.0000]^T$	$[-0.0000\ \ -0.0010\ \ 0]^T$
3	$[0\ \ 0\ \ -1]^T$	$[0.0002\ \ 0.0020\ \ -1.0000]^T$	$[0.0002\ \ 0.0020\ \ 0]^T$
4	$[0\ \ -1\ \ 0]^T$	$[0.0019\ \ -1.0000\ \ 0.0011]^T$	$[0.0019\ \ 0\ \ 0.0011]^T$
5	$[0\ \ 0\ \ -1]^T$	$[-0.0002\ \ -0.0009\ \ -1.0000]^T$	$[-0.0002\ \ -0.0009\ \ 0]^T$
6	$[-1\ \ 0\ \ 0]^T$	$[-1.0000\ \ -0.0039\ \ 0.0018]^T$	$[0\ \ -0.0039\ \ 0.0018]^T$
7	$[0\ \ -1\ \ 0]^T$	$[-0.0021\ \ -1.0000\ \ -0.0018]^T$	$[-0.0021\ \ 0\ \ -0.0018]^T$
8	$[-1\ \ 0\ \ 0]^T$	$[-1.0000\ \ 0.0006\ \ 0.0007]^T$	$[0\ \ 0.0006\ \ 0.0007]^T$
9	$[-1\ \ 0\ \ 0]^T$	$[-1.0000\ \ 0.0007\ \ 0.0011]^T$	$[0\ \ 0.0007\ \ 0.0011]^T$

6.6 加速度计安装误差补偿试验

6.6.1 加速度计输出误差确定

记加速度计的实际敏感轴为 $\boldsymbol{\theta}_r$，理论敏感轴为 $\boldsymbol{\theta}$，加速度计的实际输出为 A_r，理论输出为 A，输出误差为 A_e。

由于 $\boldsymbol{\theta}_r,\boldsymbol{\theta}$ 均为单位矢量，故 $\boldsymbol{\theta}_r$ 可以记为：$\boldsymbol{\theta}_r=\boldsymbol{D}\boldsymbol{\theta}$。$\boldsymbol{D}$ 为正交矩阵。$\boldsymbol{H}$ 为误差矩阵；$\boldsymbol{I}$ 为单位矩阵。当 $\boldsymbol{\theta}_r,\boldsymbol{\theta}$ 之间误差很小（夹角<3°）时，可以记为

$$\boldsymbol{D}=\boldsymbol{I}+\boldsymbol{H} \tag{6.6.1}$$

$$\boldsymbol{\theta}_r=\boldsymbol{\theta}+\boldsymbol{H}\boldsymbol{\theta} \tag{6.6.2}$$

由式（6.6.2）可以计算得到 $\boldsymbol{H}\boldsymbol{\theta}$。

$$\boldsymbol{H}\boldsymbol{\theta}=\boldsymbol{\theta}_r-\boldsymbol{\theta} \tag{6.6.3}$$

重写加速度计的输出模型方程（2.2.8）。

$$A(\boldsymbol{u},\boldsymbol{\theta})=\langle \boldsymbol{P}+(\dot{\boldsymbol{\Omega}}+\boldsymbol{\Omega}^2)\boldsymbol{u},\boldsymbol{\theta}\rangle \tag{6.6.4}$$

则根据式（6.6.4），得

$$
\begin{aligned}
A_r(\boldsymbol{u},\boldsymbol{\theta}_r) &= \langle \boldsymbol{P}+(\dot{\boldsymbol{\Omega}}+\boldsymbol{\Omega}^2)\boldsymbol{u},\boldsymbol{\theta}_r\rangle \\
&= \langle \boldsymbol{P}+(\dot{\boldsymbol{\Omega}}+\boldsymbol{\Omega}^2)\boldsymbol{u},\boldsymbol{\theta}+\boldsymbol{H\theta}\rangle \\
&= \langle \boldsymbol{P}+(\dot{\boldsymbol{\Omega}}+\boldsymbol{\Omega}^2)\boldsymbol{u},\boldsymbol{\theta}\rangle + \langle \boldsymbol{P}+(\dot{\boldsymbol{\Omega}}+\boldsymbol{\Omega}^2)\boldsymbol{u},\boldsymbol{H\theta}\rangle
\end{aligned}
\tag{6.6.5}
$$

由式(6.6.4)、式(6.6.5),得

$$
\begin{aligned}
A_e &= A_r - A \\
&= \langle \boldsymbol{P}+(\dot{\boldsymbol{\Omega}}+\boldsymbol{\Omega}^2)\boldsymbol{u},\boldsymbol{H\theta}\rangle
\end{aligned}
\tag{6.6.6}
$$

加速度计的理论输出 A 的表达式为:

$$
A = A_r - A_e \tag{6.6.7}
$$

由式(6.6.3)、式(6.6.6)、式(6.6.7)便可以根据实际敏感轴对加速度计的输出进行修正,从而得到理论输出。图 6.18 所示为加速度计敏感轴误差补偿流程。

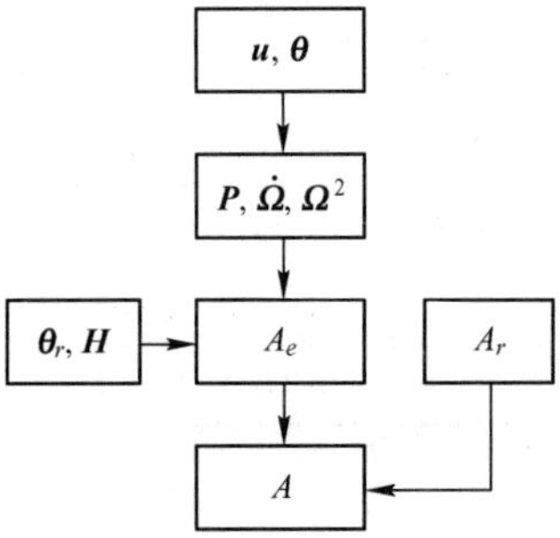

图 6.18 加速度计敏感轴误差补偿流程

6.6.2 误差补偿

第 5 章介绍了加速度计降噪的方法,6.1 节分析了加速度计的敏感轴误差对无陀螺惯导的速度误差与位置误差的影响,并介绍了加速度计安装误差的校准方法,6.6.1 节介绍了加速度计误差补偿的方法与流程。这一节主要针对前面章节的结论,在 GFIMU 试验装置导航参数解算过程中对加速度计的相关误差进行补偿,并比较补偿前后的结果。增加补偿环节的 GFIMU 试验装置参数解算流程图如图 6.19 所示。

这里进行的试验为静态试验。试验过程中,先将 GFIMU 试验装置放置在位置转台上,通过水平仪调平,光学经纬仪对北。然后为试验装置加电,开始数据采集与位置解算过程。原始数据采样频率为 10Hz,位置解算频率为 2.5Hz。试验处理数据持续时间约 10mins。初始位置为:纬度 30.58215°,经度 114.24016°。

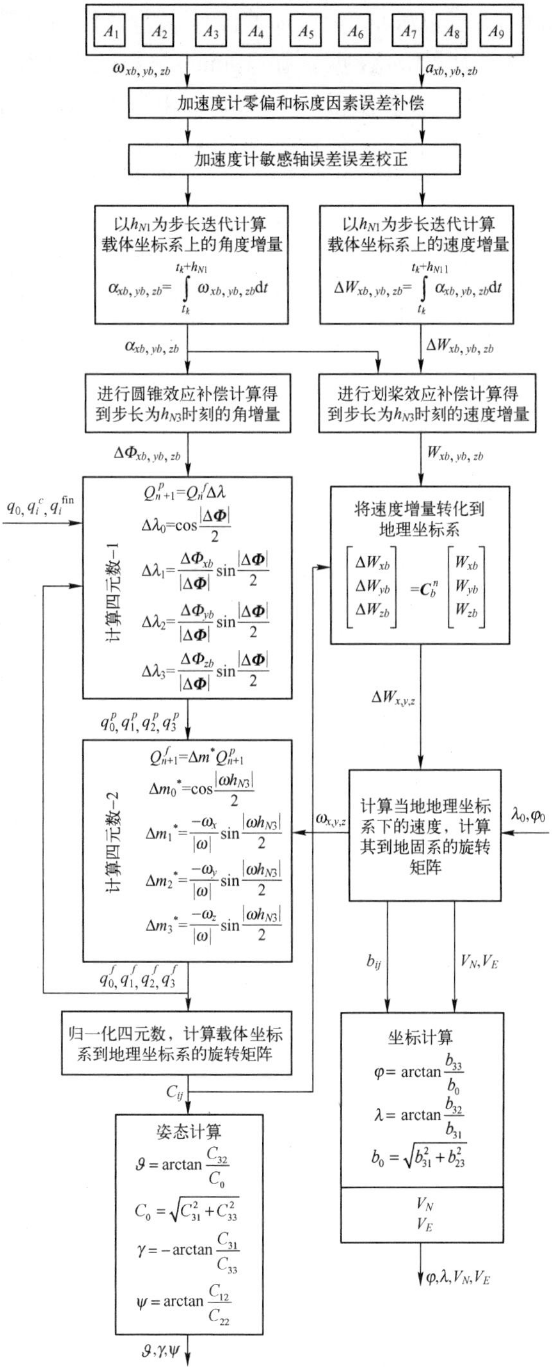

图 6.19 GFIMU 试验装置导航参数解算流程图

从图 6. 20,图 6. 21 可以发现,经过加速度计误差补偿后计算得到的经纬度数据精度明显高于未经补偿的数据。在 10min 左右,未经补偿的纬度发散约 0. 44434′,相当于 822. 92m,经度发散约 0. 4979′,相当于 922. 12m。补偿后的纬度发散约 0. 2848′,相当于 527. 53m,经度发散约 0. 3107′,相当于 575. 40m。经过补偿后,定位精度提高了约 50%。

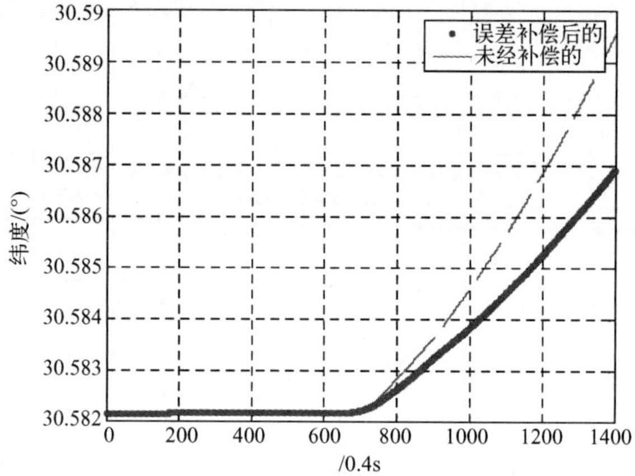

图 6. 20 加速度计误差补偿前后的纬度计算结果比较曲线

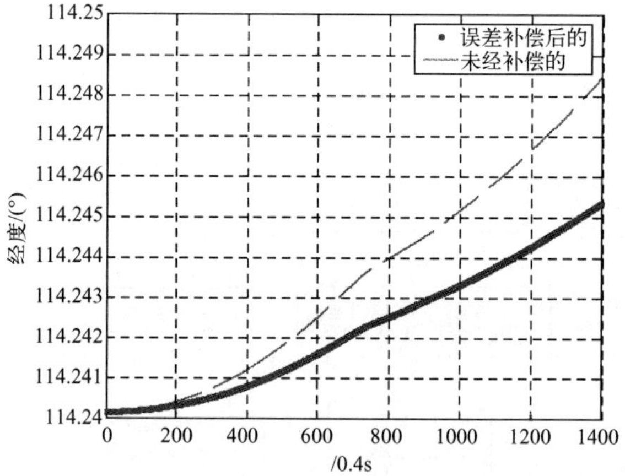

图 6. 21 加速度计误差补偿前后的经度计算结果比较曲线

第 7 章　GPS 与无陀螺惯导组合导航

7.1　引言

惯性导航系统，无论是平台式惯导还是捷联式惯导，或是无陀螺惯导，其工作性能特点与 GPS 导航系统具有天然的互补性。表 7-1 所列为 INS 与 GPS 导航系统性能特点对照表。

表 7-1　INS 与 GPS 导航系统性能特点对照表

属　　性	INS	GPS 系统
数据输出频率	高（50～100Hz）	低（1～10Hz）
长期工作精度	低	高
短期工作精度	高	低
自主性	自维持	依靠卫星的可视性

从表 7-1 可以看出，INS 与 GPS 具有明显的互补性，因此二者进行组合导航将可以充分发挥各自的优势，有效提高导航精度和抗干扰性能。

INS 与 GPS 系统进行组合一般有以下 3 种方式：

（1）级联组合方式；

（2）松组合方式；

（3）紧组合方式。

7.1.1　级联组合方式

级联组合方式采用 INS 输出的位置、速度与 GPS 输出的位置、速度之间的差值作为观测量。将 INS 误差模型作为系统模型，以二者之间的差值为观测量建立观测模型，建立组合滤波方程。正常工作情况下，INS 误差可以得到校正。GPS 失效后，采用 INS 误差预测模式工作。级联方式一个优点是由于观测量直接选择为位置和速度差值，容易检测到差值跳跃的情况，即对 INS 的故障反应速度较快，另外，级联方式还有一个优点是计算量小。图 7.1 所示为 INS/GPS 级联组合流程。

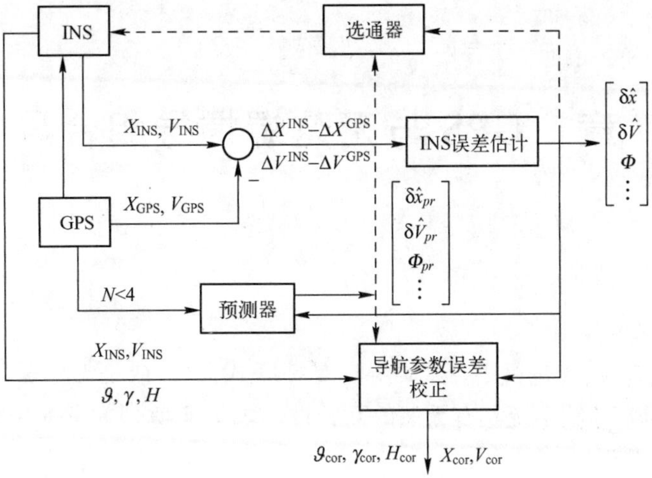

图 7.1 INS/GPS 级联组合流程

7.1.2 松组合方式

松组合流程如图 7.2 所示。

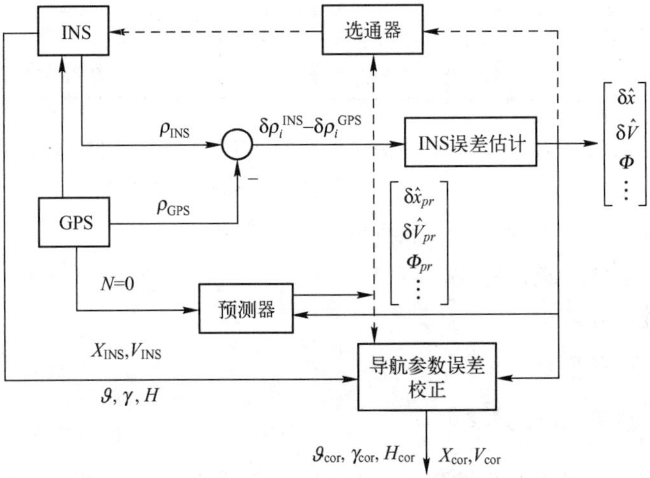

图 7.2 INS/GPS 松组合流程

从图 7.2 可以看出,松组合方式与级联组合方式的区别在于观测量的选取不一样。松组合方式下,选取了二者的伪距测量值之差作为观测变量。松组合方式观测变量的这种选择方式,对可视 GPS 卫星个数要求为 1 个。而级联组合方式下,由于直接选择二者的位置和速度差值作为观测量,因此要求 GPS 能够输出有效的位置、速度信息,这样,则可视 GPS 卫星个数至少为 4 个。

7.1.3 紧组合方式

紧组合方式具有到 GPS 接收机的反馈回路。反馈回路将加速度信息引入卫星接收机跟踪回路,从而缩小跟踪带宽,但是输出信号的信噪比将大大提高,系统的抗干扰能力和抗阻塞能力得到提高。其主要缺点是系统设计需要深入了解 GPS 接收机硬件以及跟踪回路的参数,且计算负担重,因此一般用户无法采用紧组合方式。

综合考虑以上 3 种组合的特点,一般选择松组合方式。这种组合方式相比级联组合方式对可视卫星的个数要求更低,具有较强的环境适应能力。相比紧组合方式,具有更加灵活的开发方式,无需授权了解 GPS 接收机硬件参数设计方面的内容。

7.2 GPS/GFINS 非线性组合模型

7.2.1 系统状态方程

目前加速度计的精度水平,在一般机动条件下,无陀螺惯导无法敏感地理坐标系的角速度$\left[-\frac{\boldsymbol{v}_N}{R_e} \quad \omega_{ie}\cos\varphi+\frac{\boldsymbol{v}_E}{R_e} \quad \omega_{ie}\sin\varphi+\frac{\boldsymbol{v}_E}{R_e}\tan\varphi\right]^{\mathrm{T}}$。因此,在研究无陀螺惯导时,可将地球看作静止的,地理坐标系可近似为惯性坐标系。在短期时间内,也可将地球表面看成一个平面。

选择位置$\boldsymbol{s}^n$、速度$\boldsymbol{v}^n$、角速度$\boldsymbol{\omega}^b$以及姿态四元数$\boldsymbol{q}$为状态变量,即$\boldsymbol{x}=[\boldsymbol{s}^n \quad \boldsymbol{v}^n \quad \boldsymbol{\omega}^b \quad \boldsymbol{q}]^{\mathrm{T}}$。其中,线运动变量$\boldsymbol{s}^n$和$\boldsymbol{v}^n$在地理坐标系内定义,角运动变量$\boldsymbol{\omega}^b$在载体坐标系中定义,建立如下系统状态方程:

$$\begin{bmatrix} \boldsymbol{s}_{k+1}^n \\ \boldsymbol{v}_{k+1}^n \\ \boldsymbol{\omega}_{k+1}^b \\ \boldsymbol{q}_{k+1} \end{bmatrix} = \begin{bmatrix} 1 & \boldsymbol{\Delta T} & 0 & 0 \\ 0 & 1 & 0 & 0 \\ 0 & 0 & 1 & 0 \\ 0 & 0 & 0 & \Omega(\Delta T\,\boldsymbol{\omega}_k^b) \end{bmatrix} \begin{bmatrix} \boldsymbol{s}_k^n \\ \boldsymbol{v}_k^n \\ \boldsymbol{\omega}_k^b \\ \boldsymbol{q}_k \end{bmatrix} + \begin{bmatrix} 0 \\ \boldsymbol{\Delta T}\cdot[\boldsymbol{C}_b^n(\boldsymbol{q}_k)\boldsymbol{A}\,\boldsymbol{a}_k^b] \\ \boldsymbol{\Delta T}\cdot\boldsymbol{A}\dot{\boldsymbol{\omega}}_k^b \\ 0 \end{bmatrix} - \begin{bmatrix} 0 \\ \boldsymbol{\Delta T}\cdot[\boldsymbol{C}_b^n(\boldsymbol{q}_k)\boldsymbol{\Delta B}_1] \\ \boldsymbol{\Delta T}\cdot\boldsymbol{\Delta B}_2 \\ 0 \end{bmatrix} \tag{7.2.1}$$

式中：$\boldsymbol{s}_k^n = [s_k^{nx} \quad s_k^{ny} \quad s_k^{nz}]^{\mathrm{T}}$；$\boldsymbol{v}_k^n = [v_k^{nx} \quad v_k^{ny} \quad v_k^{nz}]^{\mathrm{T}}$；$\boldsymbol{\omega}_k^b = [\omega_k^{bx} \quad \omega_k^{by} \quad \omega_k^{bz}]^{\mathrm{T}}$；$\boldsymbol{q}_k = [q_k^0 \quad q_k^1 \quad q_k^2 \quad q_k^3]^{\mathrm{T}}$；$\boldsymbol{\Delta T} = [\Delta T \quad \Delta T \quad \Delta T]^{\mathrm{T}}$，$\Delta T$ 为滤波器迭代时间步长；$\begin{bmatrix} 0 \\ \boldsymbol{\Delta T} \cdot [\boldsymbol{C}_b^n(\boldsymbol{q}_k)\boldsymbol{A}\,\boldsymbol{a}_k^b] \\ \boldsymbol{\Delta T} \cdot \boldsymbol{A}\,\dot{\boldsymbol{\omega}}_k^b \\ 0 \end{bmatrix}$为控制量；$\begin{bmatrix} 0 \\ \boldsymbol{\Delta T} \cdot [\boldsymbol{C}_b^n(\boldsymbol{q}_k)\boldsymbol{\Delta B}_1] \\ \boldsymbol{\Delta T} \cdot \boldsymbol{\Delta B}_2 \\ 0 \end{bmatrix}$为系统噪声；$\boldsymbol{C}_b^n(\boldsymbol{q}_k)$ 由式(7.2.2)确定。

$$\boldsymbol{C}_b^n(\boldsymbol{q}_k) = (\boldsymbol{C}_n^b(\boldsymbol{q}_k))^{\mathrm{T}}$$
$$= 2\begin{bmatrix} 0.5-(q_k^2)^2-(q_k^3)^2 & q_k^1q_k^2-q_k^0q_k^3 & q_k^1q_k^3+q_k^0q_k^2 \\ q_k^1q_k^2+q_k^0q_k^3 & 0.5-(q_k^1)^2-(q_k^3)^2 & q_k^2q_k^3-q_k^0q_k^1 \\ q_k^1q_k^3-q_k^0q_k^2 & q_k^2q_k^3+q_k^0q_k^1 & 0.5-(q_k^1)^2-(q_k^2)^2 \end{bmatrix} \tag{7.2.2}$$

$\Omega(\Delta T\,\dot{\boldsymbol{\omega}}_k^b)$ 由式(7.2.3)确定：

$$\Omega(\Delta T\,\boldsymbol{\omega}_k^b) = \exp\left(-\frac{1}{2}\boldsymbol{\Phi}\Delta\right) = \boldsymbol{I}\cos(d) - \frac{1}{2}\boldsymbol{\Phi}\Delta\,\frac{\sin(d)}{d} \tag{7.2.3}$$

其中，$\boldsymbol{\Phi}\Delta$，d 分别由式(7.2.4)、式(7.2.5)确定。

$$\boldsymbol{\Phi}\Delta = \begin{bmatrix} 0 & \omega_k^{bx}\Delta T & \omega_k^{by}\Delta T & \omega_k^{bz}\Delta T \\ -\omega_k^{bx}\Delta T & 0 & -\omega_k^{bz}\Delta T & \omega_k^{by}\Delta T \\ -\omega_k^{by}\Delta T & \omega_k^{bz}\Delta T & 0 & -\omega_k^{bx}\Delta T \\ -\omega_k^{bz}\Delta T & -\omega_k^{by}\Delta T & \omega_k^{bx}\Delta T & 0 \end{bmatrix} \tag{7.2.4}$$

$$d = \frac{1}{2}\left\| [\omega_k^{bx}\Delta T \quad \omega_k^{by}\Delta T \quad \omega_k^{bz}\Delta T] \right\|$$
$$= \sqrt{(\omega_k^{bx}\Delta T)^2 + (\omega_k^{by}\Delta T)^2 + (\omega_k^{bz}\Delta T)^2} \tag{7.2.5}$$

显然，由式(7.2.1)确定的无陀螺惯导状态方程模型具有通用性，只是噪声矢量 $\boldsymbol{\Delta B}_1$、$\boldsymbol{\Delta B}_2$ 确定方法不同而已。现以 2.4.2 节典型的 9 加速度计配置方案的试验装置 GFIMU 为例说明各参数确定方法。

设 GFIMU 试验装置中 9 个加速度计 $A_1, A_2, A_3, A_4, A_5, A_6, A_7, A_8, A_9$ 的噪声信号分别记为 $b_1, b_2, b_3, b_4, b_5, b_6, b_7, b_8, b_9$。

根据 2.4.2 节所述 GFIMU 基本方程式(2.4.10)~式(2.4.12)，式(7.2.1)中 $\boldsymbol{A}\boldsymbol{a}_k^b$、$\boldsymbol{A}\dot{\boldsymbol{\omega}}_k^b$、$\boldsymbol{B}_1$、$\boldsymbol{B}_2$ 分别由式(7.2.6)~式(7.2.9)确定。

$$A\boldsymbol{a}_k^b=\begin{bmatrix}p_x\\p_y\\p_z\end{bmatrix}=\begin{bmatrix}-A_6+3/4\cdot A_8-3/4\cdot A_9\\3/4\cdot A_1-A_4-3/4\cdot A_7\\-3/4\cdot A_2+3/4\cdot A_3-A_5\end{bmatrix}\tag{7.2.6}$$

$$A\dot{\boldsymbol{\omega}}_k^b=\begin{bmatrix}\dot{\omega}_x\\\dot{\omega}_y\\\dot{\omega}_z\end{bmatrix}=\frac{1}{8L}\begin{bmatrix}5\cdot A_1+2\cdot A_2-2\cdot A_3-4\cdot A_4-A_7\\-A_2+5\cdot A_3-4\cdot A_5-2\cdot A_8+2\cdot A_9\\-2\cdot A_1-4\cdot A_6+2\cdot A_7+5\cdot A_8-A_9\end{bmatrix}\tag{7.2.7}$$

$$\boldsymbol{B}_1=\begin{bmatrix}-b_6+3/4\cdot b_8-3/4\cdot b_9\\3/4\cdot b_1-b_4-3/4\cdot b_7\\-3/4\cdot b_2+3/4\cdot b_3-b_5\end{bmatrix}\tag{7.2.8}$$

$$\boldsymbol{B}_2=\frac{1}{8L}\begin{bmatrix}5\cdot b_1+2\cdot b_2-2\cdot b_3-4\cdot b_4-b_7\\-b_2+5\cdot b_3-4\cdot b_5-2\cdot b_8+2\cdot b_9\\-2\cdot b_1-4\cdot b_6+2\cdot b_7+5\cdot b_8-b_9\end{bmatrix}\tag{7.2.9}$$

$\boldsymbol{C}_b^n(\boldsymbol{q}_k)A\boldsymbol{a}_k^b-\boldsymbol{C}_b^n(\boldsymbol{q}_k)\boldsymbol{\Delta B}_1$ 表示地理坐标系下“东、北、天”3 个方向的加速度分量，$A\dot{\boldsymbol{\omega}}_k^b-\boldsymbol{\Delta}\,\boldsymbol{B}_2$ 表示载体坐标系下 X,Y,Z 三个方向的角加速度的分量。

由式(7.2.1)可知，系统状态方程$\boldsymbol{x}_{k+1}=f(\boldsymbol{x}_k,\boldsymbol{u}_k,\boldsymbol{w}_k)$（其中$\boldsymbol{u}_k$ 为输入量，$\boldsymbol{w}_k$ 为系统噪声）为一非线性系统。

7.2.2 系统观测方程

选择 GPS 位置(λ,φ,h)和无陀螺惯导的角加速度$(\dot{\omega}_x,\dot{\omega}_y,\dot{\omega}_z)$作为系统观测量，即$\boldsymbol{y}=[\lambda\quad\varphi\quad h\quad\dot{\omega}_x\quad\dot{\omega}_y\quad\dot{\omega}_z]^{\mathrm{T}}$，建立系统观测方程如下：

$$\begin{bmatrix}\lambda_k\\\varphi_k\\h_k\\\dot{\omega}_k^{bx}\\\dot{\omega}_k^{by}\\\dot{\omega}_k^{bz}\end{bmatrix}=\begin{bmatrix}\dfrac{1}{R\cos\varphi_k}&0&0&\cdots&0&0&0&\cdots\\0&\dfrac{1}{R}&0&\cdots&0&0&0&\cdots\\0&0&1&\cdots&0&0&0&\cdots\\0&0&0&\cdots&D&0&0&\cdots\\&&&\cdots&0&D&0&\cdots\\&&&\cdots&0&0&D&\cdots\end{bmatrix}\begin{bmatrix}s_k^{nx}\\s_k^{ny}\\s_k^{nz}\\\omega_k^{bx}\\\omega_k^{by}\\\omega_k^{bz}\\\cdots\end{bmatrix}+\begin{bmatrix}v_1\\v_2\\v_3\\\cdots\\v_4\\v_5\\v_6\\\cdots\end{bmatrix}\tag{7.2.10}$$

式中：R 为地球半径；v_1,v_2,v_3 分别为 GPS 观测噪声；D 为微分算子，在迭代中，$D(\omega_k^b)\approx\dfrac{\omega_{k+1}^b-\omega_k^b}{\Delta T}$。

式(7.2.10)确定的无陀螺惯导观测方程模型也具有通用性,只是噪声 v_4, v_5, v_6 确定方法不同而已。同样以 2.4.2 节典型的 9 加速度计配置方案的试验装置 GFIMU 为例说明各参数确定方法。

由 2.4.2 节可知,GFIMU 试验装置角速度解算方程如下:

$$\begin{bmatrix} \dot{\omega}_x \\ \dot{\omega}_y \\ \dot{\omega}_z \end{bmatrix} = \frac{1}{8L} \begin{bmatrix} 5 \cdot A_1 + 2 \cdot A_2 - 2 \cdot A_3 - 4 \cdot A_4 - A_7 \\ -A_2 + 5 \cdot A_3 - 4 \cdot A_5 - 2 \cdot A_8 + 2 \cdot A_9 \\ -2 \cdot A_1 - 4 \cdot A_6 + 2 \cdot A_7 + 5 \cdot A_8 - A_9 \end{bmatrix} \tag{7.2.11}$$

则式(7.2.10)中 v_4, v_5, v_6 可由式(7.2.12)确定:

$$\begin{bmatrix} v_4 \\ v_5 \\ v_6 \end{bmatrix} = \frac{1}{8L} \begin{bmatrix} 5 \cdot b_1 + 2 \cdot b_2 - 2 \cdot b_3 - 4 \cdot b_4 - b_7 \\ -b_2 + 5 \cdot b_3 - 4 \cdot b_5 - 2 \cdot b_8 + 2 \cdot b_9 \\ -2 \cdot b_1 - 4 \cdot b_6 + 2 \cdot b_7 + 5 \cdot b_8 - b_9 \end{bmatrix} \tag{7.2.12}$$

由式(7.2.10)可知,系统观测方程 $\boldsymbol{y}_k = h(\boldsymbol{x}_k, \boldsymbol{v}_k)$(其中 $\boldsymbol{v}_k$ 为观测噪声)也为一非线性系统。

7.3 GPS/GFINS 非线性组合滤波

1960 年,卡尔曼在论文“线性滤波与预测问题的新方法”中提出卡尔曼滤波基本理论。他最初的目的是解决线性滤波与预测问题。理论证明,当随机系统符合“线性”“噪声符合高斯分布”两个前提条件时,卡尔曼滤波是最优估计(递推线性最小方差估计),是解决滤波问题的最佳选择。但是,在实际问题中,非线性到处存在。严格地说,线性只是理想化的结果,一切的实际系统都存在一定非线性。近年来人们十分重视非线性滤波理论的研究。

在实际应用当中,非线性系统可以通过一定的技术方法转换(线性化、UT 变换等),从而可以继续使用传统的卡尔曼滤波,由此产生了扩展卡尔曼滤波(Extended Kalman Filter, EKF)、无色卡尔曼滤波(Unscented Kalman Filter, UKF)等非线性滤波新技术。

随机系统的滤波过程也可以看作是一个在测量值不断更新条件下的状态估计(贝叶斯估计)的过程。利用一定规模数量的粒子(w_i, x_i)表征一个后验概率密度(PDF),粒子的权值 w_i 表征粒子的发生概率。在后验概率密度 PDF 较大的区域,粒子的权值也较大。因此,可以通过离散粒子近似逼近非线性系统在测量值条件下的 PDF,从而可获得均值、方差等所需状态估计信息。这就是粒子滤波(Particle Filter, PF)的基本原理。

下面分别分析 EKF、UKF 和 PF 的基本原理、实现步骤及应用特点。

7.3.1 EKF 滤波算法

EKF 最基本的出发点就是采用泰勒展开公式,将非线性问题线性化。对于任意可导非线性函数$f(x)$在点 x_0 处的泰勒展开式,有

$$f(x)=f(x_0)+f'(x_0)\cdot(x-x_0)+f''(x_0)\cdot(x-x_0)^2/2!+\cdots+f^n(x_0)\cdot(x-x_0)^n/n!+\cdots$$

如果舍去 2 阶以上高次微分,即$f(x)-f(x_0)\approx f'(x_0)(x-x_0)$,显然在局部点 x_0 处实现了线性化近似。当然,该线性化的必要前提是$(x-x_0)$应足够小。

这样做的直观几何意义就是在某局部点 x_0 小邻域内,以该点的切线近似代替通过该点的曲线方程,从而实现局部线性化,如图 7.3 所示。

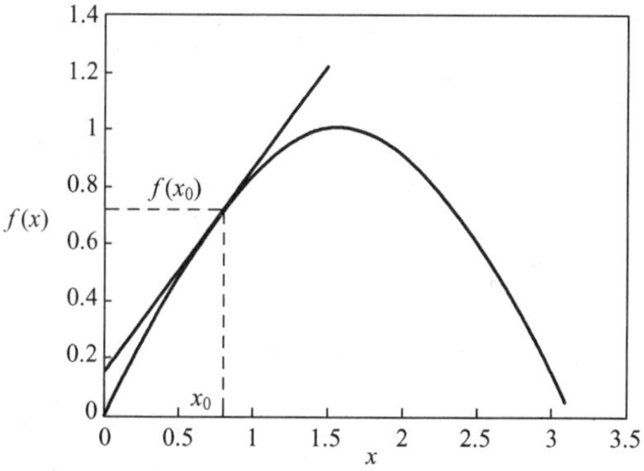

图 7.3 非线性函数在切点附近的线性化

设离散型系统方程和量测方程如下:

$$\boldsymbol{x}_{k+1}=f(\boldsymbol{x}_k)+\boldsymbol{w}_k \tag{7.3.1}$$

$$\boldsymbol{y}_{k+1}=h(\boldsymbol{x}_{k+1})+\boldsymbol{v}_{k+1} \tag{7.3.2}$$

令$\bar{\boldsymbol{x}}_k$ 是系统的前一时刻最优状态估计,$\boldsymbol{x}_{k+1}^n=f(\bar{\boldsymbol{x}}_k)$,$\boldsymbol{z}_{k+1}^n=h(\boldsymbol{x}_{k+1}^n)$,其中$\boldsymbol{x}_{k+1}^n$是系统状态的一步预测,即$\boldsymbol{x}_{k+1}^n=\bar{\boldsymbol{x}}_{(k+1,k)}$。

将式(7.3.1)、式(7.3.2)一阶泰勒展开,得

$$\boldsymbol{x}_{k+1}-\boldsymbol{x}_{k+1}^n=\left.\frac{\partial f(\boldsymbol{x}_k)}{\partial \boldsymbol{x}_k}\right|_{\boldsymbol{x}_k^n}\cdot(\boldsymbol{x}_k-\boldsymbol{x}_k^n)+\boldsymbol{v}_k \tag{7.3.3}$$

$$\boldsymbol{z}_{k+1}-\boldsymbol{z}_{k+1}^n=\left.\frac{\partial h(\boldsymbol{x}_{k+1})}{\partial \boldsymbol{x}_{k+1}}\right|_{\boldsymbol{x}_{k+1}^n}\cdot(\boldsymbol{x}_{k+1}-\boldsymbol{x}_{k+1}^n)+\boldsymbol{v}_{k+1} \tag{7.3.4}$$

$$\boldsymbol{F}(k+1,k)=\left.\frac{\partial f(\boldsymbol{x}_k)}{\partial \boldsymbol{x}_k}\right|_{\boldsymbol{x}_k^n} \tag{7.3.5}$$

$$\boldsymbol{H}(k+1)=\left.\frac{\partial \boldsymbol{h}(\boldsymbol{x}_{k+1})}{\partial \boldsymbol{x}_{k+1}}\right|_{\boldsymbol{x}_{k+1}^{n}} \tag{7.3.6}$$

离散型 EKF 5 个状态估计基本方程如下：

（1）状态一步预测：

$$\bar{\boldsymbol{x}}_{(k+1,k)}=\boldsymbol{F}(k+1,k)\bar{\boldsymbol{x}}_{k} \tag{7.3.7}$$

（2）均方误差一步预测：

$$\boldsymbol{P}_{(k+1,k)}=\boldsymbol{F}_{(k+1,k)}\boldsymbol{P}_{k}\boldsymbol{F}_{(k+1,k)}^{\mathrm{T}}+\boldsymbol{Q}_{k} \tag{7.3.8}$$

（3）滤波增益：

$$\boldsymbol{K}_{k+1}=\boldsymbol{P}_{(k+1,k)}\boldsymbol{H}_{k+1}^{\mathrm{T}}(\boldsymbol{H}_{k+1}\boldsymbol{P}_{(k+1,k)}\boldsymbol{H}_{(k+1)}^{\mathrm{T}}+\boldsymbol{R}_{k+1})^{-1} \tag{7.3.9}$$

（4）状态估计：

$$\bar{\boldsymbol{x}}_{k+1}=\bar{\boldsymbol{x}}_{(k+1,k)}+\boldsymbol{K}_{k+1}(\boldsymbol{Z}_{k+1}-\boldsymbol{H}_{k+1}\bar{\boldsymbol{x}}_{(k+1,k)}) \tag{7.3.10}$$

（5）均方误差估计：

$$\boldsymbol{P}_{k+1}=(\boldsymbol{I}-\boldsymbol{K}_{k+1}\boldsymbol{H}_{k+1})\boldsymbol{P}_{(k+1,k)}(\boldsymbol{I}-\boldsymbol{K}_{k+1}\boldsymbol{H}_{k+1})^{\mathrm{T}}+\boldsymbol{K}_{k+1}\boldsymbol{R}_{k+1}\boldsymbol{K}_{(k+1)}^{\mathrm{T}} \tag{7.3.11}$$

连续系统经离散化后，可做同样处理。

7.3.2 UKF 滤波算法

1996 年 S. J. Julier 与 J. K. Uhlmann 提出了一种新的非线性滤波理论：Unscented Kalman Filter（UKF），也称为无色卡尔曼滤波（也有国内文献称为无偏卡尔曼滤波，无迹卡尔曼滤波）。UKF 不是采用逼近状态函数，而是采用一种 Unscented Transformation（UT 变换）技术，即采用确定的样本点（称为 Sigma 点）来完成状态变量沿时间的传播。

与普通卡尔曼滤波一样，UKF 也是一种递归式贝叶斯估计方法。但是 UKF 不需要进行非线性模型的求解（不需要求解雅可比矩阵），其基本思想是利用 UT 变换，用一组确定的样本点近似求解测量条件下系统状态的后验概率 $P(\boldsymbol{x}_k|z_k)$ 的均值和方差，实现系统状态递推均值和方差（一、二阶矩）的估计。

为了理解 UKF 的基本原理，需要理解 UT 变换，即理解如何在已知自变量均值和方差的前提条件下估计非线性函数的均值和方差。

设 $\boldsymbol{y}=f(\boldsymbol{x})$ 是非线性函数，$\boldsymbol{x}$ 是 n 维随机状态矢量，已知其均值是 $\bar{\boldsymbol{x}}$，方差是 $\boldsymbol{P}_x$，利用 UT 方法求解 $\boldsymbol{y}$ 的一、二阶矩的基本步骤如下：

（1）计算 $2n+1$ 个样本点 $\boldsymbol{s}_i$ 以及相应的权值 w_i

$$\begin{cases}\boldsymbol{s}_0=\bar{\boldsymbol{x}},w_0=\lambda/(n+\lambda),i=0\\ \boldsymbol{s}_i=\bar{\boldsymbol{x}}+(\sqrt{(n+\lambda)\boldsymbol{P}_x})_i,w_i=1/[2(n+\lambda)],i=1,\cdots,n\\ \boldsymbol{s}_i=\bar{\boldsymbol{x}}-(\sqrt{(n+\lambda)\boldsymbol{P}_x})_{i-n},w_i=1/[2(n+\lambda)],i=n+1,\cdots,2n\end{cases} \tag{7.3.12}$$

式中：λ 为微调参数，能控制样本点到均值的距离；$(\sqrt{(n+\lambda)\boldsymbol{P}_x})_i$ 表示方根矩阵的第 i 列。权值符合归一化要求，$\sum_{i=0}^{2n} w_i = 1$。

显然，样本点集合 $\{\boldsymbol{s}_0,\boldsymbol{s}_1,\cdots,\boldsymbol{s}_{2n}\}$ 与随机变量 $\boldsymbol{x}$ 具有相同均值 $\bar{\boldsymbol{x}}$ 和方差 $\boldsymbol{P}_x$，因此该样本点集合也被称为 Sigma 集合。

(2) 通过非线性方程传递样本点。

$$\boldsymbol{y}_i = f(\boldsymbol{s}_i),\ i=1,2,\cdots,2n$$

(3) 估算 $\boldsymbol{y}$ 的均值和方差。

$$\bar{\boldsymbol{y}} = \sum_{i=0}^{2n} w_i \boldsymbol{y}_i;$$

$$\boldsymbol{P}_y = \sum_{i=0}^{2n} w_i(\boldsymbol{y}_i - \bar{\boldsymbol{y}})(\boldsymbol{y}_i - \bar{\boldsymbol{y}})。$$

由此可见，经过 UT 变换，可以实现非线性函数的均值与方差的估计。因此，采用 UT 变换之后，可以实现非线性系统的均值和方差的估计，从而实现非线性系统状态估计。

设系统的状态方程为 $\boldsymbol{x}_{k+1}=f(\boldsymbol{x}_k)+\boldsymbol{w}_k$，量测方程为 $\boldsymbol{z}_{k+1}=h(\boldsymbol{x}_{k+1})+\boldsymbol{v}_{k+1}$，其中 $\boldsymbol{w}_k$、$\boldsymbol{v}_{k+1}$ 分别为系统噪声和量测噪声，其协方差分别是 $\boldsymbol{Q}_k$、$\boldsymbol{R}_{k+1}$。基于 UT 变换的 UKF 算法的基本过程如下。

(1) 按照式(7.3.12)求取 k 时刻样本点 $\boldsymbol{s}_{i(k)}$ 以及相应的权值 $w_{i(k)}$，$i=0,1,2,\cdots,2n$。

(2) 根据系统状态方程求取样本点传递值：$\boldsymbol{xs}_{i(k+1,k)}=f(\boldsymbol{s}_{i(k)})$。

(3) 系统状态均值和方差的一步预测：

$$\bar{\boldsymbol{x}}_{(k+1,k)} = \sum_{i=0}^{2n} w_i \boldsymbol{xs}_{i(k+1,k)}$$

$$\boldsymbol{P}_{xx(k+1,k)} = \boldsymbol{Q}_{k+1} + \sum_{i=0}^{2n} w_i(\boldsymbol{xs}_{i(k+1,k)} - \bar{\boldsymbol{x}}_{(k+1,k)})(\boldsymbol{xs}_{i(k+1,k)} - \bar{\boldsymbol{x}}_{(k+1,k)})^{\mathrm{T}}$$

(4) 根据系统量测方程求取状态一步预测的传递值：$\boldsymbol{zs}_{i(k+1,k)} = h(\boldsymbol{xs}_{i(k+1,k)})$。

(5) 预测观测量均值和协方差：

$$\bar{\boldsymbol{z}}_{(k+1,k)} = \sum_{i=0}^{2n} w_i \boldsymbol{zs}_{i(k+1,k)}$$

$$\boldsymbol{P}_{zz} = \boldsymbol{R}_{k+1} + \sum_{i=0}^{2n} w_i(\boldsymbol{zs}_{i(k+1,k)} - \bar{\boldsymbol{z}}_{(k+1,k)})(\boldsymbol{zs}_{i(k+1,k)} - \bar{\boldsymbol{z}}_{(k+1,k)})^{\mathrm{T}}$$

$$\boldsymbol{P}_{xz} = \sum_{i=0}^{2n} w_i(\boldsymbol{xs}_{i(k+1,k)} - \bar{\boldsymbol{x}}_{(k+1,k)})(\boldsymbol{zs}_{i(k+1,k)} - \bar{\boldsymbol{z}}_{(k+1,k)})^{\mathrm{T}}$$

其中：$\boldsymbol{P}_{zz}$ 为量测方差矩阵；$\boldsymbol{P}_{xz}$ 为状态矢量与量测矢量的协方差矩阵。

(6) 计算 UKF 增益，更新状态矢量和方差：

$$
\begin{aligned}
\boldsymbol{K}_{k+1} &= \boldsymbol{P}_{xz}\boldsymbol{P}_{zz}^{-1} \\
\bar{\boldsymbol{x}}_{(k+1,k+1)} &= \bar{\boldsymbol{x}}_{(k+1,k)} + \boldsymbol{K}_{k+1}(\boldsymbol{z}_{k+1} - \bar{\boldsymbol{z}}_{(k+1,k)}) \\
\boldsymbol{P}_{xx(k+1,k+1)} &= \boldsymbol{P}_{xx(k+1,k)} - \boldsymbol{K}_{k+1}\boldsymbol{P}_{zz}\boldsymbol{K}_{k+1}^{\mathrm{T}}
\end{aligned}
\tag{7.3.13}
$$

由 UKF 算法可知，该算法对系统状态估计的基本思路和线性卡尔曼滤波是一致的，是在状态一步预测的基础上加上一个与测量相关的调整修正量；不同是在 UKF 中，对状态的预测均值、方差以及滤波增益的求法有所差异。UKF 算法适用于任意非线性模型，不需要求解雅可比矩阵，实现简便，且具有二阶线性化精度，滤波精度优于 EKF。

7.3.3 PF 滤波算法

PF 滤波基本思想：从某合适的后验概率密度函数中采集一定数目的样本（粒子），以样本点概率密度（或概率）为相应的权值，以这些样本可以近似估算出所求的后验概率密度，从而实现状态估计。概率密度越大时，粒子数目或权值也越大。当样本数量足够大时，这种估计方法将以足够高的精度逼近后验概率密度。图 7.4 所示为样本点数目为 50 时，离散样本点对正态分布概率密度的近似模拟；图 7.5 所示为当样本点数目为 200 时，离散样本点对正态分布概率密度的近似模拟。

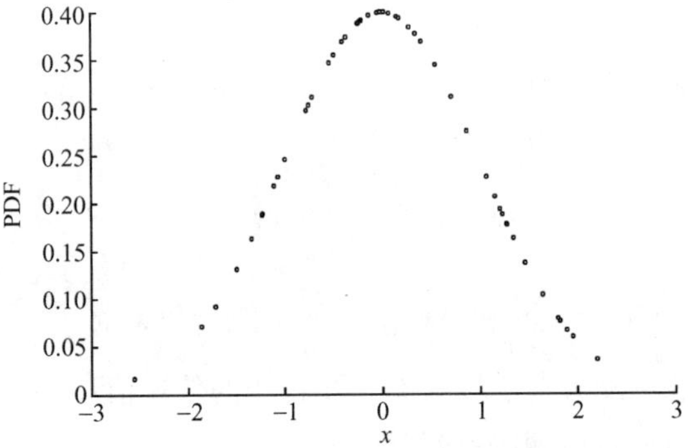

图 7.4　50 个粒子对正态分布概率密度的近似模拟

20 世纪 50 年代末，Hammersley 等就提出了序贯重要性采样（Sequential Importance Sampling，SIS）方法。1993 年 Gordon 等提出了一种基于 SIS 思想的 Bootstrap 非线性滤波方法，从而奠定了粒子滤波算法的基础。其基本思想包括递推贝叶斯理论、蒙特卡罗方法、重要性采样、重采样等。

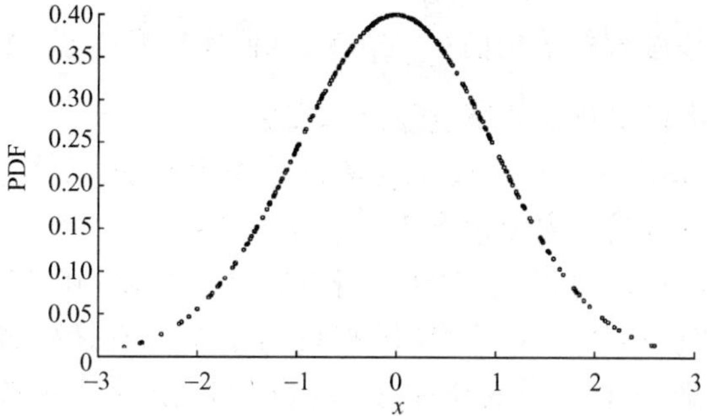

图 7.5　200 个粒子对正态分布概率密度的近似模拟

1. 递推贝叶斯估计方法

定义状态量$\boldsymbol{X}_k=[x_0,x_1,\cdots,x_k]$，测量量$\boldsymbol{Y}_k=[y_0,y_1,\cdots,y_k]$。为了实现对 k 时刻状态量 x_k 的估计，需要求取在测量$\boldsymbol{Y}_k$ 条件下 x_k 的后验概率密度函数 $p(x_k|\boldsymbol{Y}_k)$。假设 $k-1$ 时刻后验概率密度 $p(x_{k-1}|\boldsymbol{Y}_{k-1})$ 已知，通过时间更新可求得 k 时刻的先验概率密度函数为

$$p(x_k|\boldsymbol{Y}_{k-1})=\int p(x_k|x_{k-1})p(x_{k-1}|\boldsymbol{Y}_{k-1})\mathrm{d}x_{k-1} \tag{7.3.14}$$

在获得 k 时刻测量信息 y_k 后，即可进行量测更新，求取后验概率密度函数：

$$p(x_k|\boldsymbol{Y}_k)=\frac{p(y_k|x_k)p(x_k|\boldsymbol{Y}_{k-1})}{p(y_k|\boldsymbol{Y}_{k-1})} \tag{7.3.15}$$

式中：$p(y_k|\boldsymbol{Y}_{k-1})=\int p(y_k|x_k)p(x_k|\boldsymbol{Y}_{k-1})\mathrm{d}x_k$

式(7.3.14)、式(7.3.15)构成递推贝叶斯估计的两个基本步骤。但是它们只是一个理论上的解，求解复杂，其中还涉及积分运算，只有在特定分布的条件（如高斯分布）下可以获得准确的解析解。当不满足特定分布的假设条件时，递推贝叶斯估计的计算将是一个难解的问题。需要采用近似的计算方法来进行后验概率密度的求解，蒙特卡罗方法就是一种近似模拟的方法。

2. 蒙特卡罗方法

蒙特卡罗方法最初是指为了验证概率理论在博弈中的应用而进行的随机试验，后来将随机模拟（Random Simulation）方法、随机抽样（Random Sampling）等称为蒙特卡罗方法。其基本思想是：为了求解数学、物理、工程技术等领域的问题，首先建立了一个概率模型或随机过程，使它的参数等于所求问题的解；然后通过对概率模型或随机过程的抽样试验来确定参数的统计特征，从而实现对所求解的近似。

例如，所求问题的解为 x，建立了随机变量 ξ 的概率模型，它的一个参数（数学期望）$E(\xi)$ 等于 x，那么，通过 N 次重复抽样试验，产生相应的随机变量值的序列：

$\xi_1,\xi_2,\cdots,\xi_N$,计算该序列的平均值 $\sum_{i=1}^{N}\xi_i/N$,从而实现获得了 x 的近似解。当样本足够大时,近似解将以足够高的精度逼近真实解。

蒙特卡罗方法是以一个概率模型或随机过程为基础的,通过部分模拟试验求解问题的近似解,求解过程主要包含3个主要步骤:

(1) 构造概率模型(过程)。对于本身具有随机性质的问题,主要是采用数学语言正确地描述和模拟该概率模型(过程);对于本身不是随机性质的确定性问题,则需要首先构造一个人为的概率模型(过程),使其某些参数等于所求问题的解。

(2) 实现从已知分布抽样。进行随机试验,获得随机变量的抽样样本值。这些抽样样本是估算所需随机模型(过程)特定参数的根本依据。

(3) 建立各种所需的估计量。构造了概率模型(过程)并获得抽样样本之后,必须对模拟试验的结果进行考察,得到估计量,如均值、方差等,从中得到问题的解。

下面以求解圆周率 π 为例说明蒙特卡罗方法的基本过程。

圆周率 π 本身是一个确定性问题,为了求解圆周率 π,建立如下一个随机概率模型:在如图7.6所示的平面上随机投掷小石子,小石子的 x、y 轴坐标服从独立的[0,1]均匀分布,那么落入1/4圆内与落入正方形内的小石子数之比约等于其面积之比:

$$\frac{\pi}{4}=\frac{\text{落入 1/4 圆石子数}}{\text{落入正方形石子数}}$$

因此,通过随机投掷试验可以求得圆周率 π 的数值。

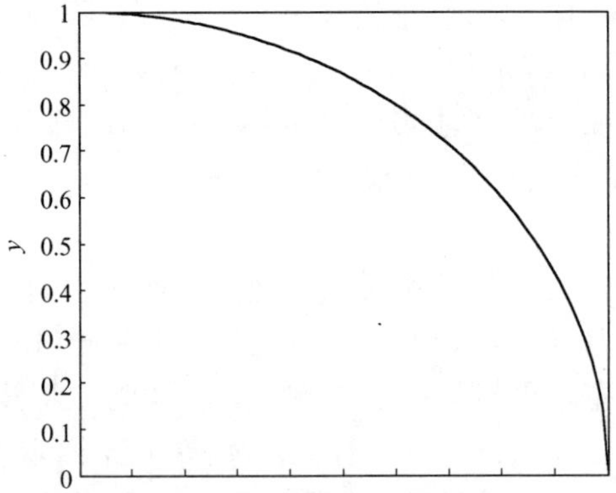

图 7.6 投掷石子的平面区域

共投掷 500 次时求得圆周率 $\pi=3.064$,如图 7.7 所示。

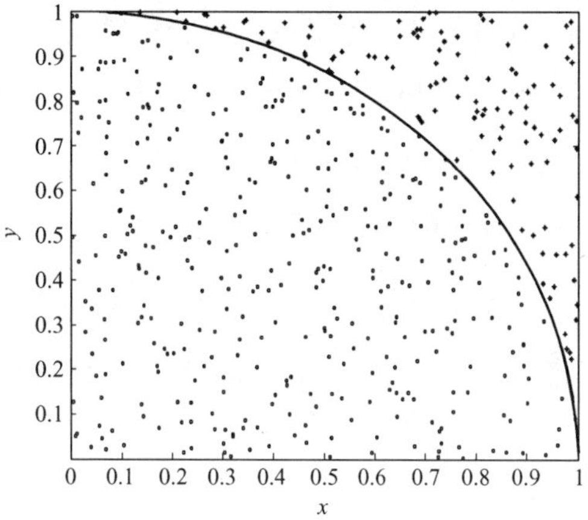

图 7.7　投掷 500 次时的情形

共投掷 10000 次时求得圆周率 $\pi=3.1408$,如图 7.8 所示。

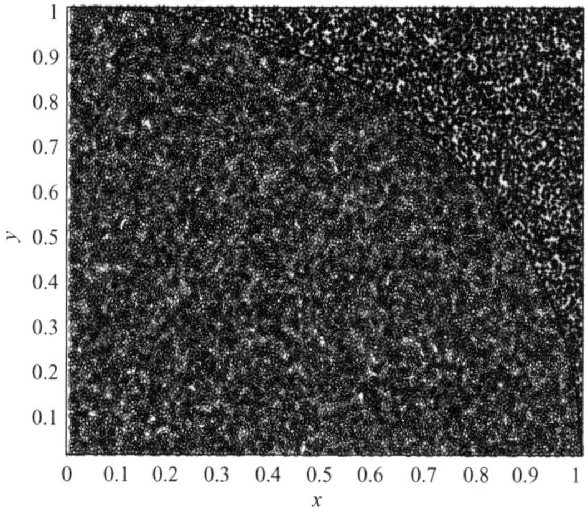

图 7.8　投掷 10000 次时的情形

3. 贝叶斯重要性采样(BIS)

重要性采样(Importance Sampling)是蒙特卡罗方法中一种常见的采样方法。在采样过程中,如果不能直接从目标概率分布(后验概率密度函数)中采样,可从一个同目标概率分布相近且易于采样的概率分布中采样。例如,当估计函数期望 $E(f(x_t))$ 无法从 $p(x_t|\boldsymbol{Y}_t)$ 采样,就选择从一个与 $p(x_t|\boldsymbol{Y}_t)$ 近似的概率分布

$\pi(x_t|Y_t)$中进行取样。这就是重要性采样的基本思想。贝叶斯重要性采样(Bayesian Importance Sampling, BIS)就是直接利用蒙特卡罗方法获取后验概率分布的一种方法。用$\{x_{0:k}^i, w_k^i\}_{i=1}^{Ns}$表示状态$x_{0:k}$后验概率的一个随机测度(Random Measure),也称作粒子(particles)。其中$\{x_{0:k}^i: i=1,2,\cdots,Ns\}$是随机采样的样本;$\{w_k^i: i=1,2,\cdots,Ns\}$是其对应的权重,已作归一化处理,$\sum_{i=1}^{Ns} w_i = 1$;$Ns$是样本的数量。那么$k$时刻后验概率分布可以用粒子近似表示为

$$p(x_{0:k}|z_{1:k}) \approx \sum_{i=1}^{Ns} w_k^i \delta(x_{0:k} - x_{0:k}^i) \tag{7.3.16}$$

如果直接根据状态$x_{0:k}$后验概率分布$p(x_{0:k}|z_{1:k})$获取状态的样本$\{x_{0:k}^i: i=1, 2,\cdots,Ns\}$,则此时所有样本的权重是一样的,即为$1/Ns$,因此式(7.3.16)可改写为

$$p(x_{0:k}|z_{1:k}) \approx \sum_{i=1}^{Ns} \delta(x_{0:k} - x_{0:k}^i)/Ns \tag{7.3.17}$$

但是通常情况下无法直接根据后验概率分布$p(x_{0:k}|z_{1:k})$获取样本,而是采取基于重要性采样准则的间接获取方式。设$\pi(x) \propto p(x)$是一个相对容易获取的一个分布,$q(x)$是一个重要性密度(Importance Density),从$q(x)$中较容易采取样本。取$x^i \sim q(x)$ $(i=1,2,\cdots,Ns)$,即x^i是从$q(x)$分布中采样一些样本,那么基于重要性采样准则,$p(x)$的分布可以由下面加权近似代替:

$$p(x) = \sum_{i=1}^{Ns} w^i \delta(x - x^i) \tag{7.3.18}$$

式中:$w^i \propto \dfrac{\pi(x^i)}{q(x^i)} \propto \dfrac{p(x^i)}{q(x^i)}$;$\delta(\cdot)$为狄拉克函数(冲击函数)。

在获得状态$x_{0:k}$的后验概率分布$p(x_{0:k}|z_{1:k})$之后,可以通过简单运算获得状态$x_{0:k}$上任意函数$f(\cdot)$的估计。

$$\hat{f}(x_{0:k}) = \int f(x_{0:k}) p(x_{0:k}|z_{1:k}) \mathrm{d}x_{0:k} = \sum_{i=1}^{Ns} f(x_{0:k}^i) w_k^i \tag{7.3.19}$$

与UKF相比可知,在UKF中关键部分为UT变换,通过UT变换实现非线性估计;而在PF中,关键是求取粒子的权值,获取权值后可直接通过线性组合求取粒子上非线性函数的估计。

由于贝叶斯重要性采样需要用到所有历史时刻的状态量和观测量,在实际运算中需要保存较多的运算变量,计算存储负担较重,因此受到较大的限制。采用递推形式的序列重要性采样(Sequential Importance Sampling, SIS)方法较好地克服了这一缺点。

4. 序列重要性采样(SIS)

序列重要性采样(Sequential Importance Sampling, SIS)中,是对所有粒子进行

相应的递归计算的一种方法。在 k 次递归开始时，假设已经估计出用粒子 $\{x_{0:k-1}^i, w_{k-1}^i\}_{i=1}^{Ns}$ 表示的系统 $k-1$ 时刻的后验概率 $p(x_{0:k-1}|z_{1:k-1})$，那么当 k 时刻的观测值 z_k 到来后需要用新的粒子 $\{x_{0:k}^i, w_k^i\}_{i=1}^{Ns}$ 近似表示 k 时刻的后验概率分布 $p(x_{0:k}|z_{1:k})$ 估计。针对新的粒子信息，需要更新粒子的样本和权值两部分。

针对粒子样本的更新，如果选择重要性密度 $q(x)$ 为可分解因式，即

$$q(x_{0:k}|z_{1:k}) = q(x_k|x_{0:k-1}, z_{1:k})q(x_{0:k-1}|z_{1:k-1}) \tag{7.3.20}$$

只需采用新的状态（新粒子）$x_k^i \sim q(x_k|x_{0:k-1}, z_{1:k})$ 扩充现有的采样样本 $x_{k-1}^i \sim q(x_{0:k-1}|z_{1:k-1})$ 就可以获得所需要的新采样样本 $x_{0:k}^i \sim q(x_{0:k}|x_{0:k}, z_{1:k})$。

$$\begin{aligned} p(x_{0:k}|z_{1:k}) &= \frac{p(z_k|x_{0:k}, z_{1:k-1})p(x_{0:k}|z_{1:k-1})}{p(z_k|z_{1:k-1})} \\ &= \frac{p(z_k|x_k)p(x_k|x_{k-1})}{p(z_k|z_{0:k-1})}p(x_{0:k-1}|z_{1:k-1}) \\ &\propto p(z_k|x_k)p(x_k|x_{k-1})p(x_{0:k-1}|z_{1:k-1}) \end{aligned} \tag{7.3.21}$$

所以

$$w_k^i \propto \frac{p(z_k|x_k^i)p(x_k^i|x_{k-1}^i)p(x_{0:k-1}^i|z_{1:k-1})}{q(x_k^i|x_{0:k-1}^i, z_{1:k})q(x_{0:k-1}^i|z_{1:k-1})} = w_{k-1}^i \frac{p(z_k|x_k^i)p(x_k^i|x_{k-1}^i)}{q(x_k^i|x_{0:k-1}^i, z_{1:k})} \tag{7.3.22}$$

这就是权值更新的递推形式。如果选取 $q(x_k|x_{0:k-1}, z_{1:k}) = q(x_k|x_{k-1}, z_k)$，即重要性密度 $q(\cdot)$ 只与前一时刻状态 x_{k-1} 和本时刻测量 z_k 有关，从而避免了保存大量的历史数据。

权值的更新式(7.3.22)改写为

$$w_k^i \propto w_{k-1}^i \frac{p(z_k|x_k^i)p(x_k^i|x_{k-1}^i)}{q(x_k^i|x_{k-1}^i, z_k)} \tag{7.3.23}$$

权值更新后，后验概率密度的近似估计表示为

$$p(x_k|z_{1:k}) \approx \sum_{i=1}^{Ns} w_k^i \delta(x_k - x_k^i) \tag{7.3.24}$$

5. 重采样(Resampling)

基于序列重要性采样(SIS)思想，以粒子和相应权值近似估计后验概率密度的方法在实际应用存在退化现象，即经过一定次数的递推迭代，大多数粒子的权值趋近于0，权重只是集中在少数粒子上面。也就是说，大量计算工作被浪费了。我们当然希望所有粒子能对滤波产生作用，因此要求粒子权重分布越均匀（方差越小）越好。粒子所发生的退化现象可用 $N_{\text{eff}} = 1/\sum_{i=1}^{Ns}(w^i)^2$ 表征。N_{eff} 越小表明退化现象越严重。

重采样(Resampling)是一种抑制粒子退化的有效方法。重采样,是指发现明显的退化现象时,如 N_{eff} 小于某个设定的门限值 N_T 时,将现有的样本集合重新采样 Ns 次,将那些权值很小的粒子删除,一次也不被采样;而那些权值较大的粒子将被多次采样。在这个过程中,原来粒子权值越大,被再次采样的次数就越多。在新的样本集合中所有样本的权值都变成一样($1/Ns$)。

7.3.4 基于 PF 算法的 GPS/GFINS 组合滤波器解算流程

EKF、UKF 和 PF 三种非线性滤波算法适应性如表 7-2 所列。其中 EKF 和 UKF 只能适用于高斯非线性系统,PF 能适用于包括非线性、非高斯系统在内的所有系统,其适用性最好。

表 7-2 三种非线性滤波算法比较

算法名称	适用系统	适用噪声
EKF	非线性	高斯噪声
UKF	非线性	高斯噪声
PF	非线性	高斯噪声、非高斯噪声

针对同一非线性系统,由于 EKF 只能保持一阶线性化精度,而 UKF 能保持二阶精度,在相同的计算量下,UKF 的估计精度优于 EKF 的精度。相对 EKF 而言,UKF 和 PF 均不需要进行求导计算雅可比矩阵。当 PF 算法中粒子数足够大时,其滤波效果优于 UKF,但是算法计算量也较大。

由 7.2 节可知,GPS/GFINS 组合滤波的系统方程(式(7.2.1))随机噪声中含有统计规律随时间变化的非平稳信号成分,即 $\Delta \boldsymbol{T} \cdot [\boldsymbol{C}_b^n(\boldsymbol{q}_k)\Delta \boldsymbol{B}_1]$ 项。一般地,姿态方向余弦矩阵 $\boldsymbol{C}_b^n$ 将随载体姿态变化而变化。由 5.1.2 节可知,$b_1,b_2,\cdots,b_9$ 一般情况下是非标准高斯白噪声。因此,$b_1,b_2,\cdots,b_9$ 的线性组合 $\Delta \boldsymbol{B}_1$ 和 $\Delta \boldsymbol{B}_2$ 一般情况下也不是平稳信号。所以,从严格意义上说,只有 PF 算法才能完全满足 GPS/GFINS 组合滤波器的设计要求。因此以 PF 算法作为非线性组合算法,其解算过程如下:

程序开始: Start Program

第一步,参数初始化:粒子数量 Ns、递推迭代次数 T、系统噪声方差 $\boldsymbol{Q}$、量测噪声方差 $\boldsymbol{R}$。

第二步,样本初始化:根据先验条件抽取随机初始样本 $\boldsymbol{x}_0^1,\boldsymbol{x}_0^2,\cdots,\boldsymbol{x}_0^{Ns}$ 和初始权值 $w_0^i=1/Ns(i=1,2,\cdots,Ns)$;

（续）

For $k=1$ to T（开始随时间迭代）

第三步，由粒子样本 $\boldsymbol{x}_{k-1}^1,\boldsymbol{x}_{k-1}^2,\cdots,\boldsymbol{x}_{k-1}^{Ns}$ 代入系统式（7.3.1）求取随机样本的一次预测样本 $\boldsymbol{x}_{k,k-1}^1,\boldsymbol{x}_{k,k-1}^2,\cdots,\boldsymbol{x}_{k,k-1}^{Ns}$。

第四步，将一次预测样本代入量测方程式（7.3.10），求得测量的一次预测 $\boldsymbol{z}_{k,k-1}^1,\boldsymbol{z}_{k,k-1}^2,\cdots,\boldsymbol{z}_{k,k-1}^{Ns}$，再结合实际测量 $\boldsymbol{z}_k$ 和重要性密度，求得样本的权值 $w_{k,k-1}^1$，$w_{k,k-1}^2,\cdots,w_{k,k-1}^{Ns}$（已归一化处理）。

第五步，利用重采样方法对一次预测样本以及权值进行更新，求得更新的粒子样本 $\boldsymbol{x}_k^1,\boldsymbol{x}_k^2,\cdots,\boldsymbol{x}_k^{Ns}$ 以及权值 $w_k^1,w_k^2,\cdots,w_k^{Ns}=1/Ns$

重采样子程序：

$[\{\boldsymbol{x}_k^j,w_k^j\}_{j=1}^{Ns}]=\mathrm{RESAMPLE}[\{\boldsymbol{x}_k^i,w_k^i\}_{i=1}^{Ns}]$

初始化 CDF：$c_1=w_k^1$

For $i=2$ to Ns

创建 CDF：$c_i=c_{i-1}+w_k^i$

End For

从 CDF 的底部开始：$i=1$

选择一个起点：$u_1\sim U[0,N_s^{-1}]$

For $j=1:Ns$

在 CDF 中移动：$u_j=u_1+N_s^{-1}(j-1)$

While $u_j>c_i$

$i=i+1$

End While

样本更新：$x_k^j=x_k^i$

权值更新：$w_k^j=N_s^{-1}$

End For

（其中 $U[a,b]$ 是闭区间 $[a,b]$ 上的均匀分布，CDF（Cumulative Distribution Function）是积累分布函数。）

第六步，利用 $\overline{\boldsymbol{x}_T}=\sum_{i=1}^{Ns}w_T^i\boldsymbol{x}_T^i$ 实现状态估计。

程序结束：End Program

然而，当载体进行非强机动时，$\boldsymbol{C}_b^n$ 可近似为常数；若 $b_1,b_2,\cdots,b_9$ 也可近似为高斯白噪声随机信号，此时可以采用 UKF 算法进行 GPS/GFINS 组合滤波。因此，在 GPS/GFINS 滤波器设计时，可结合 UKF 与 PF 的特点，采用 PF/UKF 相结合的自适应滤波方法。在系统处于强机动条件下，选择 PF 算法进行滤波；在系统处于非强机动条件下，应用 UKF 算法进行组合滤波。自适应选择参数 κ_{choose} 可由式(7.2.3)中姿态四元数更新量的范数所确定：

$$\kappa_{\text{choose}} = \| \Omega(\Delta T \boldsymbol{\omega}_k^b) \| \tag{7.3.25}$$

将 κ_{choose} 与某个判断标准(阈值)相比较，当 κ_{choose} 较小时(如不大于 1.2)，组合滤波算法自适用选择 UKF 进行解算；当 κ_{choose} 较大时(如大于 1.2)，组合滤波算法自适用选择 PF 进行解算。由于 UKF 和 PF 自适应选择的判断标准(阈值)需要实践经验，以与实际工作情况相符合。因此可采用具有自学习功能的智能算法，如人工神经网络等进行判断标准(阈值)的调整与确定。

7.4 GPS/GFIMU 组合导航试验

采用 7.3 节提出的非线性粒子滤波器设计方法，将 GFINS 与 GPS 进行组合导航。组合导航的 GPS 接收机为 Trimble MS860II GPS，如图 7.9 所示。

图 7.9 Trimble MS860II 接收机

以大地测量得到的高精度静态位置信息为比照基准，观察系统经纬度的发散情况。已知试验地点的经度、纬度分别为 114.2426°和 30.5799°(大地测量所得)。GFIMU 试验装置的采样率为 10Hz，GPS 采样率为 1Hz，试验时间为 5min，粒子滤波器算法频率为 10Hz，解算迭代总次数 $T=3000$，每个状态变量的粒子数 Ns 为 200。根据实测数据分析，由式(7.2.1)和式(7.2.10)表示的状态方程和观测方程所确定系统噪声和观测噪声方差初始化参数分别为：1.401×10^{-5}，1.568×10^{-5}，1.463×10^{-5}，1.167×10^{-5}，0.806×10^{-5}，0.641×10^{-5}，2.1407×10^{-11}，2.6497×10^{-12}，2.8725×10^{-12}，6.4076×10^{-4}，8.0645×10^{-4}，1.2×10^{-3}。未经 GPS 组合滤波时，GFIMU 试验装

置单独解算的结果以及经 GPS/GFIMU 试验装置非线性粒子滤波后，试验曲线分别如图 7.10~图 7.14 所示。

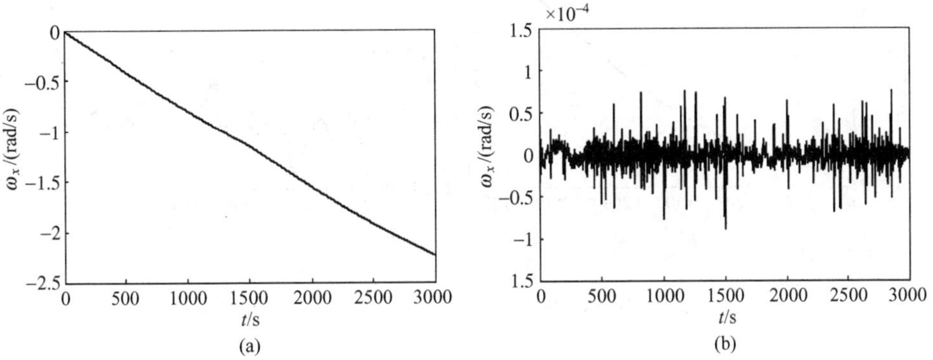

图 7.10 (a)组合前 GFIMU 解算的角速度 ω_x 和(b)组合系统解算的角速度 ω_x

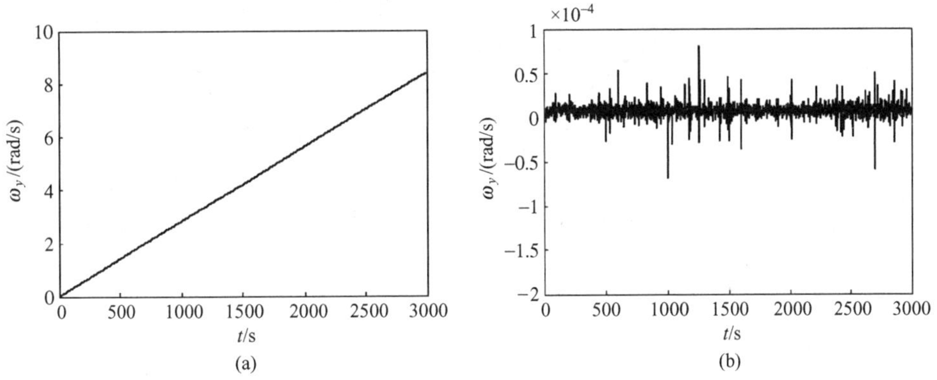

图 7.11 (a) 组合前 GFIMU 解算的角速度 ω_y 和(b)组合系统解算的角速度 ω_y

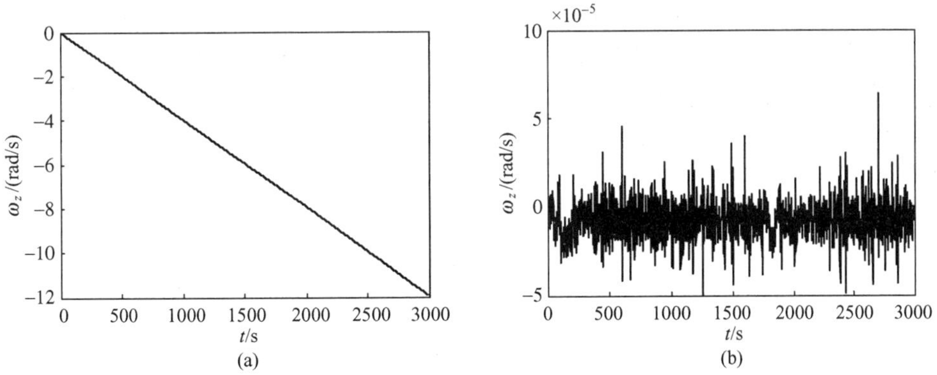

图 7.12 (a)组合前 GFIMU 解算的角速度 ω_z 和(b)组合系统解算的角速度 ω_z

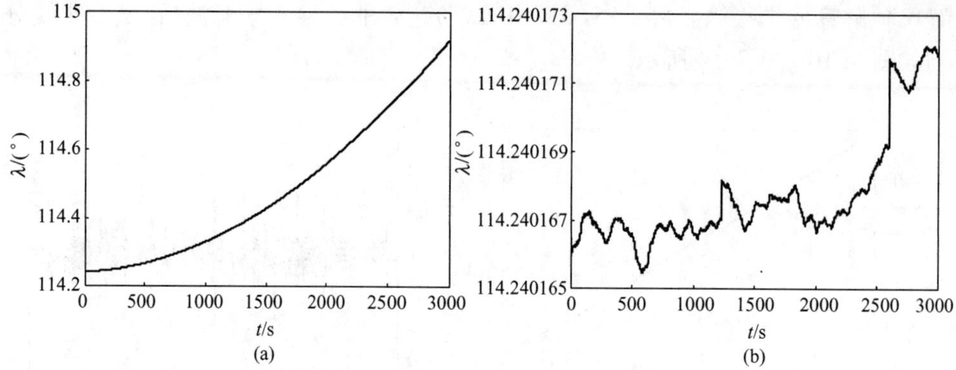

图 7.13 (a)组合前 GFIMU 解算的经度和(b)组合系统解算的经度

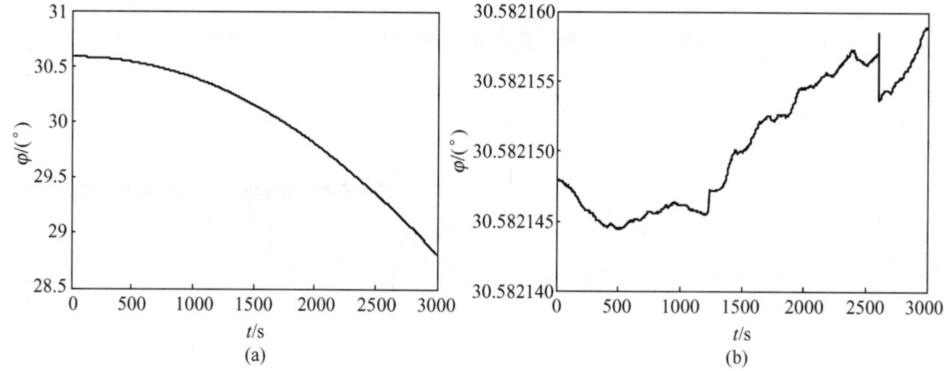

图 7.14 (a)组合前 GFIMU 解算的纬度和(b)组合系统解算的纬度

由试验结果可知，采用组合滤波器后，GFIMU 的角速度和位置解算的精度均有较大幅度的提高，特别是有效提高了 GFIMU 长时间工作下的位置解算精度，也能通过充分利用 GPS 的有效信息，提高 GPS 的抗干扰性能。考虑到无陀螺惯导相比捷联惯导在角速度解算方面存在的不足，可以认为 GPS 辅助无陀螺惯导进行组合导航是无陀螺惯导研究的主要方向之一，也是无陀螺惯导能够实现其低成本、小体积、抗干扰性能强、工作可靠的主要技术途径之一。

附录 A　圆锥效应计算

姿态更新的实质是四元数和旋转矢量的更新。四元数 $q(T+h_{N3})$ 相对惯性空间的更新方程可以表示为

$$q(T+h_{N3}) = q(T) \cdot \Delta\Lambda \tag{A.1}$$

$\Delta\Lambda$ 可以表示为

$$\Delta\Lambda = \left(\cos\frac{\Delta\boldsymbol{\Phi}}{2}, \frac{\Delta\Phi_{x1}}{\Delta\boldsymbol{\Phi}}\sin\frac{\Delta\boldsymbol{\Phi}}{2}, \frac{\Delta\Phi_{y1}}{\Delta\boldsymbol{\Phi}}\sin\frac{\Delta\boldsymbol{\Phi}}{2}, \frac{\Delta\Phi_{z1}}{\Delta\boldsymbol{\Phi}}\sin\frac{\Delta\boldsymbol{\Phi}}{2}\right) \tag{A.2}$$

式中：$\Delta\boldsymbol{\Phi}$ 为旋转矢量，可以根据载体坐标系角速度计算。

根据第 4 章的推导，易知

$$\Delta\dot{\boldsymbol{\Phi}} = \boldsymbol{\omega} + \frac{1}{2}\Delta\boldsymbol{\Phi}\times\boldsymbol{\omega} \tag{A.3}$$

式中：$\boldsymbol{\omega}$ 为载体坐标系角速度。

式(A.3)的泰勒展开式为

$$\Delta\boldsymbol{\Phi}(T+h_{N3}) = \Delta\boldsymbol{\Phi}(T) + h_{N3}\Delta\dot{\boldsymbol{\Phi}}(T) + (h_{N3}^2/2!)\Delta\ddot{\boldsymbol{\Phi}}(T) + \cdots \tag{A.4}$$

采用 4 个载体坐标系角速度计算子样，计算 $\boldsymbol{\Phi}(T+h_{N3})$。即对 h_{N3} 时间间隔内的角度增量进行 4 点拟合。

$$\alpha(t) = \int_0^{h_{N3}} \omega(\tau)\mathrm{d}\tau = at + bt^2 + ct^3 + dt^4 \tag{A.5}$$

式中：a、b、c、d 为待定系数。

在 $T(t=0)$ 时刻，对式(A.5)连续进行微分，得

$$\begin{cases} \omega(T) = a \\ \dfrac{\mathrm{d}\omega(T)}{\mathrm{d}t} = 2b \\ \dfrac{\mathrm{d}^2\omega(T)}{\mathrm{d}t} = 6c \\ \dfrac{\mathrm{d}^3\omega(T)}{\mathrm{d}t} = 24d \\ \dfrac{\mathrm{d}^4\omega(T)}{\mathrm{d}t} = 0 \end{cases} \tag{A.6}$$

对式(A. 3)连续进行微分,在假设 $\Delta\boldsymbol{\Phi}(T)=0$ 的情况下,得

$$
\begin{cases}
\dfrac{\mathrm{d}\Delta\boldsymbol{\Phi}(T)}{\mathrm{d}t}=a \\
\dfrac{\mathrm{d}^2\Delta\boldsymbol{\Phi}(T)}{\mathrm{d}t}=2b \\
\dfrac{\mathrm{d}^3\Delta\boldsymbol{\Phi}(T)}{\mathrm{d}t}=6c+a\times b \\
\dfrac{\mathrm{d}^4\Delta\boldsymbol{\Phi}(T)}{\mathrm{d}t}=24d+6(a\times c) \\
\dfrac{\mathrm{d}^5\Delta\boldsymbol{\Phi}(T)}{\mathrm{d}t}=36(a\times d)+12(b\times c) \\
\dfrac{\mathrm{d}^6\Delta\boldsymbol{\Phi}(T)}{\mathrm{d}t}=120(b\times d) \\
\dfrac{\mathrm{d}^7\Delta\boldsymbol{\Phi}(T)}{\mathrm{d}t}=360(c\times d) \\
\dfrac{\mathrm{d}^8\Delta\boldsymbol{\Phi}(T)}{\mathrm{d}t}=0
\end{cases}
\tag{A. 7}
$$

将式(A. 7)代入式(A. 4),得

$$
\begin{aligned}
\Delta\boldsymbol{\Phi}(T+h_{N3})=&ah_{N3}+bh_{N3}^2+ch_{N3}^3+dh_{N3}^4+\frac{1}{6}(a\times b)h_{N3}^3+\frac{1}{4}(a\times c)h_{N3}^4 \\
&+\frac{1}{10}(b\times c)h_{N3}^5+\frac{3}{10}(a\times d)h_{N3}^5+\frac{1}{6}(b\times d)h_{N3}^6+\frac{1}{14}(c\times d)h_{N3}^7
\end{aligned}
\tag{A. 8}
$$

记 $t=h_{N3}/4,h_{N3}/2,3h_{N3}/4,h_{N3}$ 时刻的角增量分别为 α_1、α_2、α_3、α_4,则有 $\alpha_1+\alpha_2+\alpha_3+\alpha_4=\alpha$。

将 $t=h_{N3}/4,h_{N3}/2,3h_{N3}/4,h_{N3}$ 代入式(A. 5)可以得到 4 个方程。解方程即可以得到采用 α_1、α_2、α_3、α_4 表达的 a、b、c、d 的值。将 a、b、c、d 的值代入式(A. 8),得

$$
\begin{aligned}
\Delta\boldsymbol{\Phi}(T+h_{N3})=&\alpha+k_1(\alpha_1\times\alpha_2+\alpha_3\times\alpha_4)+k_2(\alpha_1\times\alpha_3+\alpha_2\times\alpha_4) \\
&+k_3(\alpha_1\times\alpha_4)+k_4(\alpha_2\times\alpha_3)
\end{aligned}
\tag{A. 9}
$$

其中

$$k_1=736/945;k_2=334/945;k_3=526/945;k_4=654/945$$

但是由式(A. 9)计算得到 $\Delta\boldsymbol{\Phi}(T+h_{N3})$ 包含的误差太大,因此必须分析式(A. 9)的计算误差,通过将误差最小化获得 k_1、k_2、k_3、k_4 的最优值。

在运动状态已知的情况下,更新四元数可以通过准确的解析式计算。由于该算法的主要目的在于补偿圆锥效应,因此选择圆锥运动作为算法性能分析的运动模型。

将以上的四子样拟合算法估计的更新四元数的值与圆锥运动情况下获得准确四元数进行比较。通过二者之间的误差四元数可以计算误差旋转矢量，通过适当选取 k_1、k_2、k_3、k_4 的值以最小化误差矢量的模。这样得到 k_1、k_2、k_3、k_4 的值即是最优值。

假设圆锥运动的旋转矢量为 $\boldsymbol{\Delta\Phi}$，圆锥运动角频率为 ω。根据文献[111]，可以得到载体坐标系更新四元数为

$$\begin{bmatrix} \cos\left(\dfrac{\boldsymbol{\Delta\Phi}}{2}\right) \\ 0 \\ \sin\left(\dfrac{\boldsymbol{\Delta\Phi}}{2}\right)\cos(\omega t) \\ \sin\left(\dfrac{\boldsymbol{\Delta\Phi}}{2}\right)\sin(\omega t) \end{bmatrix} \tag{A.10}$$

重写式(A.1)为

$$q(t+h_{N3}) = q(t) \cdot \Delta\Lambda$$

将式(A.10)代入上式，得

$$\Delta\Lambda = q(t)^{-1} \cdot q(t+h_{N3}) = \begin{bmatrix} \Delta\lambda_0 \\ \Delta\lambda_1 \\ \Delta\lambda_2 \\ \Delta\lambda_3 \end{bmatrix} = \begin{bmatrix} 1-2\sin^2\left(\dfrac{\boldsymbol{\Delta\Phi}}{2}\right)\sin^2(\omega h_{N3}/2) \\ -\sin^2\left(\dfrac{\boldsymbol{\Delta\Phi}}{2}\right)\sin^2(\omega h_{N3}) \\ -\sin(\boldsymbol{\Delta\Phi})\sin(\omega h_{N3}/2)\sin[\omega(t+h_{N3}/2)] \\ \sin(\boldsymbol{\Delta\Phi})\sin(\omega h_{N3}/2)\sin[\omega(t+h_{N3}/2)] \end{bmatrix} \tag{A.11}$$

式中：$q(t)$，$\Delta\Lambda$ 为解析解，即准确解。

以上按照四子样算法计算四元数，其解算过程基于下式：

$$\dot{q}(t) = \frac{1}{2} q(t) \cdot [\omega(t)]$$

将式(A.10)代入上式，得

$$[\overline{\omega}(t)] = 2q^{-1}(t) \cdot \dot{q}(t) = \begin{bmatrix} -2\omega\sin^2\left(\dfrac{\boldsymbol{\Delta\Phi}}{2}\right) \\ -\omega\sin\left(\dfrac{\boldsymbol{\Delta\Phi}}{2}\right)\sin(\omega t) \\ \omega\sin\left(\dfrac{\boldsymbol{\Delta\Phi}}{2}\right)\cos(\omega t) \end{bmatrix} \tag{A.12}$$

式中：$[\overline{\omega}(t)]$表示计算得到的载体坐标系角速度。根据式(A.12)可以计算 t 时刻

到 $t+h_{N3}$ 时刻的载体坐标系的角增量为

$$\bar{\alpha}(h_{N3})=\int_t^{t+h_{N3}}[\bar{\omega}(\tau)]\mathrm{d}\tau=\begin{bmatrix}-2\omega h_{N3}\sin^2\left(\dfrac{\Delta\boldsymbol{\Phi}}{2}\right)\\ -2\sin(\Delta\boldsymbol{\Phi})\sin\left(\dfrac{\omega h_{N3}}{2}\right)\sin(\omega(t+h_{N3}/2))\\ 2\sin(\Delta\boldsymbol{\Phi})\sin\left(\dfrac{\omega h_{N3}}{2}\right)\sin(\omega(t+h_{N3}/2))\end{bmatrix}\tag{A. 13}$$

在一个更新周期 h_{N3} 内,采集 4 个子样,根据式(A. 13)可以得

$$\bar{\alpha}_N=\begin{bmatrix}-\dfrac{\omega h_{N3}}{2}\sin^2\left(\dfrac{\Delta\boldsymbol{\Phi}}{2}\right)\\ -\sin(\Delta\boldsymbol{\Phi})\left\{\cos\left[\omega\left(t+\dfrac{Nh_{N3}}{4}\right)\right]-\cos\left[\omega\left(t+\dfrac{(N-1)h_{N3}}{4}\right)\right]\right\}\\ \sin(\Delta\boldsymbol{\Phi})\left\{\sin\left[\omega\left(t+\dfrac{Nh_{N3}}{4}\right)\right]-\sin\left[\omega\left(t+\dfrac{(N-1)h_{N3}}{4}\right)\right]\right\}\end{bmatrix}\tag{A. 14}$$

式中:$N=1,2,3,4$ 分别对应 α_1、α_2、α_3、α_4。将式(A. 14)代入式(A. 9),在假设 $\Delta\boldsymbol{\Phi}$ 为小角度的情况下,可以计算得到旋转矢量 $\Delta\boldsymbol{\Phi}$ 为

$$\Delta\boldsymbol{\Phi}=[\Delta\Phi_{x1}\quad\Delta\Phi_{y1}\quad\Delta\Phi_{z1}]\tag{A. 15}$$

其中

$$\begin{aligned}\Delta\Phi_{x1}=&-2\omega h_{N3}\sin^2(\Delta\boldsymbol{\Phi}/2)+\sin^2(\Delta\Phi)\left[(4k_1-2k_2+2k_4)\sin\frac{\omega h_{N3}}{4}\right.\\&\left.+(-2k_1+4k_2-k_3-k_4)\sin\frac{2\omega h_{N3}}{4}+(-2k_2+2k_3)\sin\frac{3\omega h_{N3}}{4}-k_3\sin(\omega h_{N3})\right]\\ \Delta\Phi_{y1}=&-\sin(\Delta\boldsymbol{\Phi})\sin(\omega h_{N3}/2)\sin([\omega(t+h_{N3}/2)])\\&+\left(\frac{\omega h_{N3}}{2}\right)\sin^2(\Delta\boldsymbol{\Phi}/2)\sin(\Delta\Phi)[(k_1+k_2+k_3)\sin(\omega t)\\&+(-2k_1-k_3+k_4)\sin(\omega(t+\omega h_{N3}/4))+(2k_1-2k_2-2k_4)\sin(\omega(t+\omega h_{N3}/2))\\&+(-2k_1-k_3+k_4)\sin(\omega(t+3\omega h_{N3}/4))+(k_1+k_2+k_3)\sin(\omega(t+h_{N3}))]\\ \Delta\Phi_{z1}=&2\sin(\Delta\boldsymbol{\Phi})\sin(\omega h_{N3}/2)\cos([\omega(t+h_{N3}/2)])\\&+\left(\frac{\omega h_{N3}}{2}\right)\sin^2(\Delta\boldsymbol{\Phi}/2)\sin(\Delta\boldsymbol{\Phi})[-(k_1+k_2+k_3)\cos(\omega t)\\&-(-2k_1-k_3+k_4)\cos(\omega(t+\omega h_{N3}/4))-(2k_1-2k_2-2k_4)\cos(\omega(t+\omega h_{N3}/2))\\&-(-2k_1-k_3+k_4)\cos(\omega(t+3\omega h_{N3}/4))-(k_1+k_2+k_3)\cos(\omega(t+h_{N3}))]\end{aligned}$$

必须指出的是，为了保证算法的近似精度，计算机迭代频率必须足够高，以保证 $\Delta\boldsymbol{\Phi}$ 的模值在高速转动过程中保持足够小。

根据式(A.15)可以计算更新四元数 $\Delta\hat{\boldsymbol{\Lambda}}$ 为

$$\Delta\hat{\boldsymbol{\Lambda}}=\begin{bmatrix}\cos(\Delta\boldsymbol{\Phi}/2)\\ \Delta\Phi_{x1}/\Delta\boldsymbol{\Phi}\sin(\Delta\boldsymbol{\Phi}/2)\\ \Delta\Phi_{y1}/\Delta\boldsymbol{\Phi}\sin(\Delta\boldsymbol{\Phi}/2)\\ \Delta\Phi_{z1}/\Delta\boldsymbol{\Phi}\sin(\Delta\boldsymbol{\Phi}/2)\end{bmatrix}=\begin{bmatrix}C\\ \Delta\Phi_{x1}/S\\ \Delta\Phi_{y1}/S\\ \Delta\Phi_{z1}/S\end{bmatrix}\tag{A.16}$$

式中：$C=\cos(\Delta\boldsymbol{\Phi}/2)$；$S=\sin(\Delta\boldsymbol{\Phi}/2)/\Delta\boldsymbol{\Phi}$。

定义 $\Delta\hat{\boldsymbol{\Lambda}}$ 的误差 $\Delta\tilde{\boldsymbol{\Lambda}}$ 为

$$\Delta\tilde{\boldsymbol{\Lambda}}=\Delta\boldsymbol{\Lambda}\cdot(\Delta\hat{\boldsymbol{\Lambda}})^{-1}$$

或者

$$\Delta\tilde{\boldsymbol{\Lambda}}=\begin{bmatrix}\Delta\tilde{\lambda}_0\\ \Delta\tilde{\lambda}_1\\ \Delta\tilde{\lambda}_2\\ \Delta\tilde{\lambda}_3\end{bmatrix}=\begin{bmatrix}\Delta\lambda_0C-S(-\Delta\lambda_1\Delta\Phi_{x1}-\Delta\lambda_2\Delta\Phi_{y1}-\Delta\lambda_3\Delta\Phi_{z1})\\ \Delta\lambda_1C-S(\Delta\lambda_0\Delta\Phi_{x1}-\Delta\lambda_3\Delta\Phi_{y1}+\Delta\lambda_2\Delta\Phi_{z1})\\ \Delta\lambda_2C-S(\Delta\lambda_3\Delta\Phi_{x1}+\Delta\lambda_0\Delta\Phi_{y1}-\Delta\lambda_1\Delta\Phi_{z1})\\ \Delta\lambda_3C-S(-\Delta\lambda_2\Delta\Phi_{x1}+\Delta\lambda_1\Delta\Phi_{y1}+\Delta\lambda_0\Delta\Phi_{z1})\end{bmatrix}\tag{A.17}$$

式中：$\Delta\boldsymbol{\Lambda}$ 为更新四元数的真实值。如果 $\Delta\hat{\boldsymbol{\Lambda}}$ 无误差，显然，根据四元数的性质，则 $\Delta\tilde{\boldsymbol{\Lambda}}$ 应该为单位四元数。因此式(A.17)中的 $\Delta\tilde{\lambda}_0$、$\Delta\tilde{\lambda}_1$、$\Delta\tilde{\lambda}_2$、$\Delta\tilde{\lambda}_3$ 可以表示 $\Delta\hat{\boldsymbol{\Lambda}}$ 的估计误差。

观察式(A.11)、式(A.15)可以发现，$\Delta\lambda_2$、$\Delta\lambda_3$、$\Delta\Phi_{y1}$、$\Delta\Phi_{z1}$ 为周期变化量，$\Delta\lambda_0$、$\Delta\lambda_1$、$\Delta\Phi_{x1}$ 为常值。因此在考虑 $\Delta\tilde{\boldsymbol{\Lambda}}$ 的误差时，实际上常量是引起四元数角速度漂移误差的主要原因。因此下面主要分析 $\Delta\lambda_0$、$\Delta\lambda_1$、$\Delta\Phi_{x1}$。

在 $\Delta\boldsymbol{\Phi}$ 为小量的情况下，$C=\cos(\Delta\boldsymbol{\Phi}/2)\approx 1$，$S=\sin(\Delta\boldsymbol{\Phi}/2)/\Delta\boldsymbol{\Phi}\approx 1/2$。则可以计算 $\Delta\tilde{\lambda}_0$、$\Delta\tilde{\lambda}_1$ 的值。

显然，$\Delta\tilde{\lambda}_0$ 的非周期变化量为 $\Delta\lambda_0C$，由式(A.11)可以得到

$$\Delta\tilde{\lambda}_0=\Delta\lambda_0C=1\tag{A.18}$$

$\Delta\tilde{\lambda}_1$ 的非周期变化量为：$\Delta\tilde{\lambda}_1=\Delta\lambda_1C-S\Delta\lambda_0\Delta\Phi_{x1}$。将式(A.11)的 $\Delta\lambda_0$ 代入可以得到

$$\Delta\widetilde{\lambda}_1 = \Delta\lambda_1 - \frac{1}{2}\Delta\Phi_{x1} \tag{A.19}$$

将 $\Delta\widetilde{\lambda}_1$ 写为四元数的标准表达形式为

$$\Delta\widetilde{\lambda}_1 = \Delta\lambda_1 - \frac{1}{2}\Delta\Phi_{x1} = \Delta\Phi_{x1}/\Delta\Phi_e \cdot \sin(\Delta\Phi_e/2)$$

考虑到 $\Delta\widetilde{\lambda}_1$ 为单维四元数,即 $\Delta\widetilde{\lambda}_1$ 平行于 $x1$ 轴,因此 $\Delta\Phi_{x1}/\Delta\Phi_e=1$。其中 $\Delta\Phi_e$ 为误差旋转矢量的模。假设 $\Delta\Phi_e$ 为小量,则上式可以表示为

$$\Delta\widetilde{\lambda}_1 = \sin(\Delta\Phi_e/2) = \Delta\Phi_e/2$$

故 $\Delta\Phi_e$ 与 $\Delta\widetilde{\lambda}_1$ 具有如下关系:

$$\Delta\Phi_e = 2\Delta\widetilde{\lambda}_1$$

将上式代入式(A.19),得

$$\Delta\Phi_e = 2\Delta\lambda_1 - \Delta\Phi_{x1} \tag{A.20}$$

将式(A.11)、式(A.15)中的 $\Delta\lambda_1$、$\Delta\Phi_x$ 代入式(A.20),得

$$\begin{aligned}\Delta\Phi_e = {} & 2\sin^2(\Delta\Phi/2)[\omega h_{N3} - \sin(\omega h_{N3})] - \sin^2(\Delta\Phi)[(4k_1 - 2k_2 + 2k_4)\sin(\omega h_{N3}/4) + \\ & (2k_1 + 4k_2 - k_3 - k_4)\sin(\omega h_{N3}) + (-2k_1 + 2k_3)\sin(3\omega h_{N3}/4) - k_3\sin(\omega h_{N3})]\end{aligned} \tag{A.21}$$

对式(A.21)的正弦量进行泰勒展开到 9 阶,得

$$\begin{aligned}\Delta\Phi_e = \Delta\boldsymbol{\Phi}^2[& (\omega h_{N3})^3(-1/384)\{12k_1 + 24k_2 + 18k_3 + 6k_4 - 32\} \\ & + (\omega h_{N3})^5(1/122.88)\{60k_1 + 360k_2 + 570k_3 + 30k_4 - 512\} \\ & + (\omega h_{N3})^7(-1/82.575360)\{252k_1 + 3864k_2 + 12.318k_3 + 126k_4 - 8192\} \\ & + (\omega h_{N3})^9(1/95.126814720)\{1020k_1 + 37.320k_2 + 223.29k_3 + 510k_4 - 131.072\}]\end{aligned} \tag{A.22}$$

现在,可以通过最小化式(A.22)计算得到 k_1、k_2、k_3、k_4,即令 $\Delta\Phi_e=0$。可以发现,关于 k_1、k_2、k_3、k_4 的 4 个系数方程是相关的,因此其解并不唯一。为了避免无数解出现,可以做如下假设:

$$\begin{cases} k_3 = k_4 \\ 12k_1 + 24k_2 + 18k_3 + 6k_4 - 32 = 60k_1 + 360k_2 + 570k_3 + 30k_4 - 512 \end{cases} \tag{A.23}$$

再加上条件:

$$\begin{cases} 252k_1 + 3864k_2 + 12.318k_3 + 126k_4 - 8192 = 0 \\ 1020k_1 + 37.320k_2 + 223.29k_3 + 510k_4 - 131.072 = 0 \end{cases} \tag{A.24}$$

联合式(A. 23)、式(A. 24)可以计算得到

$$k_1=\frac{2}{3},\quad k_2=\frac{8}{15},\quad k_3=k_4=\frac{7}{15}$$

旋转矢量的最终表达式为

$$\Delta\boldsymbol{\Phi}=\sum_{k=1}^{4}\alpha_k+\frac{2}{3}(\alpha_1\times\alpha_2)+\frac{2}{3}(\alpha_3\times\alpha_4)+\frac{8}{15}(\alpha_1\times\alpha_3)$$
$$+\frac{8}{15}(\alpha_2\times\alpha_4)+\frac{7}{15}(\alpha_1\times\alpha_4)+\frac{7}{15}(\alpha_2\times\alpha_3) \tag{A. 25}$$

以矩阵形式进行表达,式(A. 25)可以表示为

$$\Delta\boldsymbol{\Phi}=\sum_{k=1}^{4}\boldsymbol{\alpha}_k+\frac{2}{3}(\boldsymbol{P}_1\boldsymbol{\alpha}_2+\boldsymbol{P}_3\boldsymbol{\alpha}_4)$$
$$+\frac{1}{2}(\boldsymbol{P}_1+\boldsymbol{P}_2)(\boldsymbol{\alpha}_3+\boldsymbol{\alpha}_4)+\frac{1}{30}(\boldsymbol{P}_1-\boldsymbol{P}_2)(\boldsymbol{\alpha}_3-\boldsymbol{\alpha}_4) \tag{A. 26}$$

其中

$$\boldsymbol{P}_j=\begin{bmatrix}0 & -\alpha_{zb}(j) & \alpha_{yb}(j)\\ \alpha_{zb}(j) & 0 & -\alpha_{xb}(j)\\ -\alpha_{yb}(j) & \alpha_{xb}(j) & 0\end{bmatrix}\qquad (j=1,2,3)$$

$\boldsymbol{\alpha}(j)=\begin{bmatrix}\alpha_{xb}(j)\\ \alpha_{yb}(j)\\ \alpha_{zb}(j)\end{bmatrix}=\int_{t_k}^{t_k+h_{N1}}\omega_{xb,yb,zb}\mathrm{d}t$ 为角度增量。

参考文献

[1] 邓正隆．惯性技术[M]．哈尔滨:哈尔滨工业大学出版社,2006.

[2] 秦永元．惯性导航[M]．北京：科学出版社，2005.

[3] 《惯性技术手册》编委会．惯性技术手册[M]．北京:宇航出版社．1995.

[4] 雷渊超．惯性导航系统[M]．哈尔滨:哈尔滨船舶工程学院出版社,1978.

[5] 陈永冰,钟斌．惯性导航原理[M]．北京:国防工业出版社,2007.

[6] Titterton D H ,Weston J L. Strapdown Inertial Navigation Technology[J]. Reston, VA 20191-4344, USA Herts SG1 2AY, United Kingdom: AIAA, 2004: 78-81.

[7] Lowell M J R. A vision for precision inertial navigation system[EB/OL]. http://www. darpa. mil/dso/solicitations/solicit. htm, 2003-08-16/2005-09-20.

[8] KING A D, B Sc Frin. Inertial navigation-Forty years of evolution[J]. GEC Review, 1998, 13(3): 140-150.

[9] Fawcett J K. Additional Topics: Techniques of Inertial Navigation[EB/OL]. http://www. darpa. mil/dso/solicitations/solicit. htm, 2006-06-18/2007-05-20.

[10] Sanders S J, Strandjord L K, Mead D. Optical Fiber Sensors[J]. IEEE, 2002: 1905-1925.

[11] Linsong G. Development of a low-cost navigation system for autonomous off-road vehicles[D]. Urbana-Champaign: University of Illinois at Urbana-Champaign, 2003.

[12] Salychev O. Applied inertial navigation: problems and solutions[M]. Moscow: Bauman MSTU Press, 2004.

[13] Tan Chin-Woo S P. Design and Error Analysis of Accelerometer-Based Inertial Navigation Systems[R]. California: California Path Program Institute Of Transportation Studies University Of California, Berkeley, 2002.

[14] Ketterle W. The Atom Laser[EB/OL]. http://cua. mit. edu/ketterle_group/Projects_1997/atomlaser_97/atomlaser_comm. html, 2006-06-18/2007-05-20.

[15] Coq Y L, Retter J A, Richard S, et al. Coherent matter wave intertial sensors for precision measurements in space[J]. arXiv: condmat, 2005, 15(20): 105-121.

[16] Ang W T, Khosla P K, Riviere C N. Design of All-Accelerometer Inertial Measurement Unit for Tremor Sensing in Hand-held Microsurgical Instrument[C]. International Conference on Robotics & Automation. IEEE, 2003: 6-15.

[17] Chen J-H, Lee S-C, DeBra D B. Gyroscope Free Strapdown Inertial Measurement Unit by Six Linear Accelerometers[J]. Journal of Guidance, Control, and Dynamics, 1994, 17(2): 286-294.

[18] Chieh H. Experimental and theoretical investigation of a six-degree-of-freedom translational rotational accelerometer [D]. New York: Rensselaer Polytechnic Institute, 1991.

[19] Mostov K S. Design of Accelerometer-Based Gyro-Free Navigation Systems[D]. Berkeley: University of California, 2000.

[20] R S A. Measuring Rotational Motion with Linear Accelerometers[J]. IEEE Transaction on AES, 1967, 3(3): 465-473.

[21] Greenspan R L. Inertial Navigation Technology from 1970-1995[J]. Journal of theInstitute of Navigation, 1995,42(1):165-169.
[22] Howe R T, Boser B E, Horowitz R. Integrated Micro-Electro-Mechanical Sensor Development for Inertial Applications[J]. IEEE, 1998:2563-2589.
[23] Barbour N M, Elwell J M, Setterlund R H. Inertial Instruments: Where to Now[J]. GEC, 1995,42(1):185-199.
[24] D D L. The measurement of angular velocities without the use of gyros[D]. Philadelphia: University of Pennsylvania, 1965.
[25] 马澎田,陈世有,李艳梅,等. 无陀螺惯性导航系统[J]. 航空学报,1997,18(4):484-489.
[26] 曹咏弘,祖静,林组森. 无陀螺惯性导航系统综述[J]. 测试技术学报,2004,18(3):269-274.
[27] 丁明理,王祁. 无陀螺惯性测量组合试验系统设计[J]. 哈尔滨工业大学学报,2006,38(10):1748-1751.
[28] 丁明理,王祁. 无陀螺惯性测量组合姿态解算新方法[J]. 哈尔滨工业大学学报,2006,38(7):1025-1029.
[29] 丁明理,王祁,洪亮. GPS 与无陀螺微惯性测量单元组合导航系统设计[J]. 南京理工大学学报,2005,29(1): 98-102.
[30] 丁明理, 王祁, 洪亮,等. 无陀螺微惯性测量单元的卡尔曼滤波方法研究[J]. 仪器仪表学报,2003,24(4): 310-314.
[31] 丁明理,王祁. 无陀螺惯性测量技术研究现状及理论概述[J]. 佳木斯大学学报(自然科学版),2003,21(1): 38-43.
[32] 丁明理,王祁. 无陀螺惯性测量组合动态补偿及动态解耦方法[J]. 华中科技大学学报(自然科学版),2006,34(7): 60-63.
[33] 丁明理,王祁. 无陀螺惯性测量组合设计及角速度误差补偿方法研究[J]. 航空学报,2006,27(5): 922-928.
[34] 许卫星,秦丽,余靖娜,等. 无陀螺捷联惯性测试研究[J]. 弹箭与制导学报,2006,26(1):14-16.
[35] Park S, Tan C -W, Park J. A scheme for improving the performance of a gyroscope-free inertial measurement unit[J]. Sensors and Actuators A, 2005,121(5):410~421.
[36] 赵国荣,陈穆清. 一种用于九加速度计 GFSINS 的姿态角速度辅助算法[J]. 系统仿真学报,2007,19(14):3350-3353.
[37] 丁明理,王祁,王常虹. 无陀螺惯性测量组合静动态解耦方法[J]. 哈尔滨工业大学学报,2007,39(1):342-344.
[38] 杨波,高社生,张震龙. 无陀螺的 GFSINS/GPS 组合导航新方法研究[J]. 弹箭与制导学报,2005,25(2):14-17.
[39] 施闻明,王帅. 无陀螺捷联惯性导航系统[J]. 中国舰船研究,2006,1(2): 57-62.
[40] 史震. 无陀螺惯性导航系统中加速度计配置方式[J]. 中国惯性技术学报,2002,10(1):15-20.
[41] 苏雪峰,覃方君,许江宁,等. 一种六加速度计无陀螺惯性导航系统安装误差校准方法研究[J]. 海军工程大学学报,2007,19(4):103-107.
[42] 汪小娜,王树宗,朱华兵. 无陀螺惯性导航系统模型研究[J]. 兵工学报,2006,27(2):288-293.
[43] 赵建伟,史震,马澎田. 无陀螺惯性导航系统角速度解算精度的研究[J]. 中国惯性技术学报,2001,9(1): 12-17.

[44] 迟晓珠,王劲松,金鸿章,等. 加速度计的动态特性对无陀螺微惯性测量组合性能影响的研究[J]. 兵工学报,2004,25(3):304-308.

[45] 王劲松,王祁,孙圣和. 无陀螺微惯性测量组合的优化算法研究[J]. 哈尔滨工业大学学报,2002,34(5): 632-636.

[46] 王劲松,王祁,孙圣和. 无陀螺微惯性测量装置[J]. 传感器技术,2003,22(4): 43-46.

[47] 张会新,秦丽,孟令军,等. 无陀螺捷联惯性导航系统对导弹姿态测试的应用[J]. 弹箭与制导学报,2005,25(1):276-278.

[48] 王劲松,王祈,孙圣和. 基于数据融合理论的无陀螺微惯性测量组合算法研究[J]. 南京理工大学学报,2004,28(1):24-29.

[49] 胡斌宗,周百令,赵池航. 面向载体自转的无陀螺惯性导航系统[J]. 惯性技术学报,2003,11(6): 7-11.

[50] 顾启泰,孙国富,刘学斌,等. 非陀螺快速找北系统[J]. 清华大学学报(自然科学版),1999,39(11): 107-110.

[51] 周红进,许江宁. 基于加速度计的单轴旋转自主式寻北方法研究[J]. 仪器仪表学报,2007,28(8): 124-128.

[52] Titterton D H, J L W. Strapdown Inertial Navigation Technology[M]. Lexington: the American Institute of Aeronautics and Astronautics, 1997:289-298.

[53] Jamshaid Ali F J. Alignment of Strapdown Inertial Navigation System: a Literature Survey Spanned Over the Last 14 Years[EB/OL]. IEEE, 2004.

[54] Roger R M. Applied Mathematics in Integrated Navigation Systems[J]. Blacksburg, Virginia: AIAA, 2003: 389-428.

[55] 周丽弦,崔中兴. 系泊状态下舰载导弹自主式初始对准研究[J]. 北京航空航天大学学报,2002,28(1): 86-90.

[56] 周战馨,高亚楠,陈家斌. 基于无轨迹卡尔曼滤波的大失准角 INS 初始对准[J]. 系统仿真学报,2006,18(1): 173-176.

[57] 赵汪洋,庄良杰,杨功流. 自抗扰控制器在平台惯导系统动基座下初始对准应用[J]. 控制与决策,2007,22(2):179-184.

[58] 赵汪洋,吴俊杰,庄良杰,等. 基于 ESO 技术的惯导系统初始对准[J]. 数据采集与处理,2007,22(1):105-110.

[59] 张传斌,田蔚风,邓正隆. 提高 SINS 初始对准方位失准角估计精度的方法[J]. 系统工程与电子技术,2004,26(10):1457-1460.

[60] 张传斌,杨宁,田蔚风,等. 基于多模型估计提高捷联惯导系统初始对准的精度[J]. 上海交通大学学报,2005,39(9): 1481-1485.

[61] 岳晓奎,袁建平. 一种新的低成本组合导航系统初始对准算法[J]. 飞行力学,2006,24(2):89-93.

[62] 王新龙,申功勋. 一种快速精确的惯导系统多位置初始对准方法研究[J]. 宇航学报,2002,23(4): 81-85.

[63] 缪玲娟,田海. 车载激光捷联惯导系统的快速初始对准及误差分析[J]. 北京理工大学学报,2000,20(2):205-210.

[64] 马建军,郑志强. 数字罗盘辅助实现 MIMU 静基座初始对准[J]. 系统仿真学报,2007,19(10):2260-2264.

[65] 郭美凤,杨海军,滕云鹤,等. 激光陀螺惯导系统扰动基础上的初始对准[J]. 清华大学学报(自然科学版),2002,42(2):179-182.

[66] Jiang Y F. Error Analysis of Analytic Coarse Alignment Methods[J]. IEEE Transactions on Aerospace and Electronic Systems,1998,34(1):334-338.

[67] Correspondence. A fast initial alignment for sins on stationary base[J]. IEEE TranSactions on Aerospace and Electronic Systems,1996,32(4):5-10.

[68] 陈小刚,赵琳,高伟. 捷联惯导中的划船效应及其补偿算法[J]. 惯性技术学报,2002,10(2):12-18.

[69] Yunchun Y. Tightly integrated attitude determination methods for low-cost inertial navigation:Two-antenna GPS and GPS/magnetometer[D]. California:University of California, Riverside,2002.

[70] Yong Y,Ling juan M,Jun S. Method of Improving the Navigation Accuracy of SINS by Continuous Rotation [J]. Journal of Beijing Institute of Technology,2005,14(1):45-50.

[71] Santiago A. Design and performance of a robust GPS/INS attitude system for automobile applications[D]. Stanford, CA:Stanford University,2004.

[72] Linsong G. Development of a low-cost navigation system for autonomous off-road vehicles[D]. Urbana-Champaign:University of Illinois at Urbana-Champaign,2003.

[73] Cai Tijing,G I E. Study on rate azimuth platform inertial navigation system[J]. Journal ofSoutheast University (Engllish Version),2005,21(1):29-33.

[74] J A F,M B. the Global Positioning System and Inertial Navigation[M]. NewYork:McGraw-Hill,1998.

[75] C J. Inertial Navigation Systems with Geodetic Application[M]. Berlin:Walter de Gruyter,2001.

[76] G M S. Aerospace Avionics Systems:A modern synthesis[M]. INC:Academic Press,INC,1993:277-291.

[77] Trent C S. Design of an open multipass optical amplifier and a free-space optical gyroscope[D]. Huntsville: The University of Alabama in Huntsville,2003.

[78] Kim A. Development of Sensor Fusion Algorithms for MEMS-Based Strapdown Inertial Navigation Systems [D]. Waterloo,Ontario,Canada:the University of Waterloo,2004.

[79] 周红进,许江宁. 无陀螺惯性导航系统对准误差分析[J]. 弹箭与制导学报,2007,21(2):11-16.

[80] 周红进,许江宁. 基于加速度计的无陀螺惯性导航系统设计与仿真[J]. 系统工程与电子技术,2007,29(7):4,1209.

[81] 周红进,许江宁. 无陀螺惯性导航系统设计与实现[C]. 第三届全国水下导航应用技术研讨会. 青岛:2006.

[82] 周红进,许江宁. 一种新的基于加速度计的无陀螺捷联惯性导航系统设计与实现[J]. 仪器仪表学报,2008,29(7):1546-1549.

[83] 周红进,许江宁,刘强. 扩展卡尔曼滤波应用于加速度计特性估计方法研究[J]. 传感技术学报,2008,21(7):1286-1289.

[84] 周红进,王秀森. GFINS 与 GPS 扩展松组合导航方法[J]. 中国惯性技术学报,2011,19(3):320-324.

[85] Zhou Hongjin,Wang Xiusen,Yi Chengtao. Attitude Resolution Algorithm of Gyro-free Inertial Navigation System, Advance Design Technology[J],2011,308-310:662-667.

[86] 许江宁,查峰,李京书. 单轴旋转惯导系统的“航向耦合效应”抑制算法[J]. 中国惯性技术学报,2013,21(1):26-30.

[87] 常国宾,许江宁,李安,等. 迭代无味卡尔曼滤波的目标跟踪算法[J]. 西安交通大学学报,2011,45

(12):70-74.

[88] 常国宾,许江宁,李安．载体运动对双轴连续旋转调制式惯导方案误差的影响[J]．惯性技术学报,2011,19(2):175-179.

[89] 常国宾,许江宁,常路宾．一种新的鲁棒非线性卡尔曼滤波[J]．南京航空航天大学学报,2011(6):46-51.

[90] 常国宾,许江宁,胡柏青．一种新的混合迭代 UKF[J]．武汉大学学报(信息科学版),2012,37(6):701-703.

[91] 常国宾,许江宁,常路宾．基于组合牛顿迭代法的改进 IEKF 及其在 UNGM 中的应用[J]．海军工程大学学报,2012,24(2):15-19.

[92] 许江宁,李安,等．Strapdown Inertial Navigation System Attitude Algorithm with Gibbs Oscillation Removal in Gyro Signal Reconstruction[J] . Sensor Letter(SCI:819ZQ),2011.

[93] Qin Fangjun,Li An,Xu Jiangning,et al. Improved Fast Strapdown INS Alignment Method using Bidirectional Processes and Denoising[J]. Journal of Chinese Inertial Technology,2014(10).

[94] Qin Fangjun,Li An,Xu Jiangning,et al. Improved inertial damping method for inertial navigation system[J]. Journal of Chinese Inertial Technology,2013(4).

[95] 覃方君,李安,许江宁,等．载体角运动对旋转调制惯导系统误差影响机理分析[J]．武汉大学学报(信息科学版),2012,37(7):831-833.

[96] Qin Fangjun,Li An,Xu Jianghing,et al. Design of attitude algorithm for 13-accelerometer based INS[J]. Journal of Chinese Inertial Technology,2011(12).

[97] 覃方君,许江宁,查峰,等．一种全加速度计捷联惯性测量装置(201010049323.1)．国防发明专利．

[98] 覃方君,许江宁,李安．一种新型 9 加速度计无陀螺惯导系统解算方法[J]．武汉大学学报(信息科学版),2012,37(3):278-281.

[99] 覃方君,李安,许江宁,等．阻尼参数连续可调的惯导内阻尼方法[J]．中国惯性技术学报 2011,(19)3:290-292.

[100] Qin Fangjun,Xu Jiangning,Li An. A New Scheme of Gyroscope Free Inertial Navigation System Using 9 Accelerometers[C]. 2009 International IEEE Workshop on Intelligent Systems and Applications, May, 2009 Wuhan(EI:094112366497).

[101] Qin Fangjun,Xu Jiangning,Li An. A Novel Attitude Algorithm for 12 Accelerometer Based GFINS Using Hermite Interpolation [C]. 2010 ICMTMA 2010,Changsha (EI:20102312991484).

[102] 覃方君,许江宁,李安．一种准无陀螺惯导系统解算新方法研究[J]．系统仿真学报,2008,20(1):49-52.

[103] Qin Fangjun,Xu Jiangning,Li An. Study on a fault tolerant gyroscope free-inertial navigation system using 8 accelerometers[C]. Proceedings Of 7th International Symposium On Test And Measurement, 2007, Beijing: 4909-4912.

[104] 覃方君,许江宁,李安．一种简化的无陀螺惯导系统安装误差校准方法[J]．测试技术学报,2008,22(2):155-159.

[105] 覃方君,许江宁,李安．基于小波卡尔曼滤波的加速度计降噪方法[J]．武汉理工大学学报, 2009,33(1):49-53.

[106] 覃方君,许江宁,李安．基于改进自适应卡尔曼滤波的加速度计降噪方法研究[J]．数据采集与处理,2009,24(2):227-231.

[107] 覃方君,许江宁,李安,等. 基于 Hermite 插值的无陀螺惯导姿态解算方法[J]. 系统仿真学报,2009(23):7581-7584.

[108] 施闻明,杨晓东,徐彬. 导弹飞行中无陀螺惯导系统的误差分析[J]. 弹箭与制导学报,2007,27(2):103-107.

[109] 刘向,王连明,葛文奇. 用线性加速度计实现无陀螺平台稳定的理论研究[J]. 光学精密工程,2004,12(1):21-26.

[110] 黄德鸣,程禄. 惯性导航系统[M]. 北京:国防工业出版社,1968.

[111] 殷栩,王祁,丁明理,等. 基于 DSP 的炮弹无陀螺惯性测量单元后用系统设计[J]. 传感技术学报,2007,20(1):68-72.

[112] Sameh N. Improving the inertial navigation system (INS) error model for INS and INS/DGPS applications [D]. Calgary University of Calgary (Canada),2004.

[113] Jean G G. Enhancement of the inertial navigation system for the Florida Atlantic University autonomous underwater vehicles[D]. Florida:Florida Atlantic University,2000.

[114] Amalraj R B. Analysis of the aided inertial navigation system with emphasis on underwater vehicles[D]. Ontario:Royal Military College of Canada,2004.

[115] Bill H M. A wide range threshold accelerometer array fabricated by a modified LIGA technique[D]. Utah:Utah State University,2002.

[116] 王洋,商顺昌. 石英挠性加速度计的温场分析[J]. 传感器技术,1996(3):8-13.

[117] 王平,郭振芹,段尚枢. 石英伺服加速度计动态特性的电激励测试法[J]. 传感技术学报,1993(1):42-46.

[118] 孙玉声,戴莲瑾,于奎,等. 石英挠性加速度计参数计算与误差项分析[J]. 振动与动态测试,1984(3):13-23.

[119] 钱朋安,葛运建,吴仲城. 六维加速度的测量研究[J]. 电子测量与仪器学报,2005,19(2):11-15.

[120] 贾建援,仇原鹰,甄明,等. 石英挠性加速度计测量误差的机电动力学分析[J]. 仪器仪表学报,1997,18(3):318-322.

[121] 贾翠红,薛大同. 空间用石英挠性加速度计摆片断裂特性研究[J]. 中国空间科学技术,2000(1):53-58.

[122] 胡兆权. 石英加速度计非线性传输特性实时线性化[J]. 传感技术学报,1997(2):61-64.

[123] 郭振芹,段尚枢,王衍贵. 石英电容伺服加速度计[J]. 哈尔滨工业大学学报,1985(6):8-16.

[124] 戴莲瑾. 精密测量低频振动的石英挠性伺服加速度计[J]. 计量学报,1987,8(3):208-214.

[125] 张鹏飞、龙兴武. 石英挠性加速度计误差补偿模型的研究[J]. 传感技术学报,2006,19(4):1100-1102.

[126] Dong-Jun B L. A simulation study of the use of accelerometer data in the GRACE mission[D]. Berkeley:University of California, Berkeley,2002.

[127] Bei Z. Design and development of PVDF-based MEMS hydrophone and accelerometer[D]. Philadelphia:The Pennsylvania State University,2002.

[128] Aaron P. Lateral piezoresistive accelerometer with epipoly encapsulation[D]. Austin:The University of Texas atAustin,2003.

[129] 安金刚,王珺,张兰. 石英挠性加速度计精密离心测试的非线性系数重复性探讨[J]. 战术导弹控制技术,2006(2):80-84.

[130] Levy L J. The Kalman Filter: Navigation's Integration Workhorse[EB/OL]. Hhttp://www. cs. unc. edu/~welch/kalman/Levy1997/index. html,2002-06-18/2006-04-10.

[131] Daniel Choukroun H W, Itzhack Y Bar-Itzhack,Yaakov Oshman. Kalman filtering for matrix estimation[J]. IEEE Transactions on Aerospace and Electron ic Systems,2006,42(1):147-162.

[132] 陈兵舫,张育林,赵华丽. INS/GPS/Odometer 组合系统初始对准及自适应联合滤波[J]. 宇航学报,2001,22(6):57-65.

[133] Sameh. Improving the Inertial Navigation System(INS) Error Model for INS and INS/DGPS Application[D]. Calgary:the University of Calgary,2003.

[134] Ringstad O G. A Leapfrog Navigation System[D]. Stanford, CA:Stanford University,2003.

[135] Daniel Choukroun I Y B-I, Yaakov Oshman. Novel Quaternion Kalman Filter[J]. IEEE Transactions on Aerospace and Electronic Systems,2006,42(1):174-183.

[136] H P P Gde. Comparison of linearized and extended Kalman filter in GPS-aided inertial navigation system [D]. Carleton Carleton University (Canada),2000.

[137] Park S,Tan C-W. GPS-Aided Gyroscope-Free Inertial Navigation Systems[R]. Berkeley:California Path Program Institute of Transportation stud ies University of California,Berkeley,2002.

[138] Kim K H,Lee J G. Adaptive Two-Stage EKF for INS-GPS Loosely Coupled System with Unknown Fault Bias[J]. Journal of Global Positioning Systems,2006,5(1): 62-70.

[139] Filho E A M, Kuga H K,Neto A R. Integrated GPS/INS Navigation System Based on a Gyroscope-Free IMU[J]. International Institute of Navigation,2006,8(5): 80-90.

[140] Edward S J. Development of a GNSS-based multi-sensor vehicle navigation system[D]. Calgary University of Calgary (Canada),2001.

[141] Cheboh S P. Design and analysis of a Kalman filter for a short-range precision navigation system[D]. Regina The University of Regina (Canada),1998.

[142] Grewal M S, Weill L R A. Global Positioning Systems,Inertial Navigation, and Integration 2nd Edition[M]. London:Andrews John Wiley Publishing,2001.

[143] M I. Optimal strapdown attitude integration algorithms[J]. Journal of Guida nce,Control,and Dynamics, 1990,13(2): 1203-1214.

内 容 简 介

本专著主要介绍作者在海军工程大学和海军大连舰艇学院长期从事无陀螺惯性导航技术研究的成果。

全书主要介绍实现无陀螺惯性导航必须解决的一些关键技术，包括配置加速度计精确解算载体角速度的原则和方法、基于台体旋转的自主式初始对准和借助外部信息辅助初始对准技术、基于四元数设计载体姿态解算算法技术、加速度计噪声特性分析和降噪技术、加速度计安装误差校准的“一步法”技术以及与 GPS 进行组合导航技术；与此同时，也介绍了作者研制的无陀螺惯性测量试验装置以及在该装置上开展的技术验证过程和结果。

本书的内容侧重于工程与实用性。对于从事研究、开发和应用无陀螺惯性导航系统的工程技术人员和高校师生具有参考价值。

This book is a summarization of the author's many years research work on Gyro-free inertial navigation done in Naval University of Engineering and Dalian Naval Academy.

The book is an introduction of some key technologies necessary to realize gyro-free inertial navigation system, these technologies include: the accelerometers' setting principle and methods to increase carries's angular resolution accuracy, the platform rotation based initial self-alignment and external information aided alignment technology, the way to using quaternion to design attitude resolution algorithms, the methods to identify accelerometers' noise and de-noise, the traditional and simplified method to calibrate accelerometers' mounting error, the way to integrate navigation with GPS. The Gyro-free inertial measurement unit (GFIMU) manufactured by the author is also introduced as well as experiments results done with the GFIMU.

The book focuses on the engineering and practice to realize gyro-free inertial navigation system. The book can be helpful for people who are interested in gyro-free inertial navigation system research, developing and application.